室内设计新视点· 新思维· 新方法丛书

朱淳 / 丛书主编

INTERIOR COLOR DESIGN

室内色彩设计

王乃霞 / 编著

· 北京 ·

《室内设计新视点·新思维·新方法丛书》编委会名单

本书以系统、清晰、形象的方式，概括了室内色彩设计的基本概念、色彩属性、发展趋势等，阐述了色彩在室内设计中的主要功能以及室内色彩设计的影响因素，并详细介绍了室内色彩表现的基本知识和应用技法。本书通过分析色彩在不同功能室内空间中的运用，来体现室内空间的色彩设计不只是一种规范与模式，而是设计师对公众需求、审美趋向的尊重及设计理念的表述，同时发挥设计师的主观能动性，去创造一个视觉舒适的室内空间环境的过程。

本书全面系统地介绍了室内色彩设计原则与方法的相关知识，并配以大量图片、设计图稿，内容完善、翔实，适用于高等院校相关专业的师生，对室内设计专业的工作者或艺术爱好者也有一定参考价值。

图书在版编目(CIP)数据

室内色彩设计/王乃霞编著.—北京：化学工业出版社，2019.11
（室内设计新视点·新思维·新方法丛书/朱淳主编）
ISBN 978-7-122-35177-7

Ⅰ.①室… Ⅱ.①王… Ⅲ.①室内色彩－室内装饰设计 Ⅳ.①TU238.23

中国版本图书馆CIP数据核字(2019)第203257号

责任编辑：徐　娟　　　　装帧设计：王乃霞
责任校对：刘　颖　　　　封面设计：刘丽华

出版发行：化学工业出版社（北京市东城区青年湖南街13号　邮政编码100011）
印　　装：天津图文方嘉印刷有限公司
889mm×1194mm　1/16　印张 10　字数 200千字　2020年5月北京第1版第1次印刷

购书咨询：010-64518888　售后服务：010-64518899
网　址：http://www.cip.com.cn
凡购买本书，如有缺损质量问题，本社销售中心负责调换。

定　　价：68.00元

丛书序

人类对生存环境做出主动的改变，是文明进化过程的重要内容。

在创造着各种文明的同时，人类也在以智慧、灵感和坚韧，塑造着赖以栖身的建筑内部空间。这种建筑内部环境的营造内容，已经超出纯粹的建筑和装修的范畴。在这种室内环境的创造过程中，社会、文化、经济、宗教、艺术和技术等无不留下深刻的烙印。因此，室内环境营造的历史，其实包含着建筑、艺术、装饰、材料和各种技术的发展历史，甚至包括社会、文化和经济的历史，几乎涉及了构成建筑内部环境的所有要素。

工业革命以后，特别是近百年来，由技术进步带来观念的变化，尤其是功能与审美之间关系的变化，是近代艺术与设计历史上最为重要的变革因素，由此引发了多次与艺术和设计相关的改革运动，也促进了人类对自身创造力的重新审视。从19世纪末的“艺术与手工艺运动”（Arts & Crafts Movement）所倡导的设计改革，直至今日对设计观念的讨论，包括当今信息时代在室内设计领域中的各种变化，几乎都与观念的变化有关。这个领域的发展：从空间、功能、材料、设备、营造技术到当今各种信息化的设计手段，都是建立在观念改变的基础之上的。

在不同设计领域的专业化都有了长足进步的前提下，室内设计教育的现代化和专门化出现在20世纪的后半叶。“室内设计”（Interior Design）这一中性的称谓逐渐替代了“室内装潢”（Interior Decoration），名称的改变也预示着这个领域中原本占据主导的艺术或装饰的要素逐渐被技术、功能和其他要素取代了。

时至今日，现代室内设计专业已经不再是仅用“艺术”或“技术”即能简单地概括了。它包括对人的行为、心理的研究；时尚和审美观念的了解；建筑空间类型的多种改变；对功能与形式的重新认识；技术与材料的更新，以及信息化时代不可避免的设计方法与表达手段的更新等一系列的变化，无不在观念上彻底影响着室内设计的教学内容和方式。

本丛书的编纂正是基于这样的前提之下。本丛书除了注重各门课程教学上的特点外；更兼顾到同一专业方向下曾经被忽略的一些课程，如室内绿化及微景观；还有从用户心理与体验来研究室内设计的课程，如环境心理学；以及作为室内设计主要专项拓展的课程，如办公空间设计；同时也更加注重各课程之间知识的系统性和教学的合理衔接，从而形成室内设计专业领域内，更专业化、更有针对性的教材体系。

本丛书在编纂上以课程教学过程为主导，通过文字论述该课程的完整内容，同时突出课程的知识重点及专业知识的系统性与连续性，在编排上辅以大量的示范图例、实际案例、参考图表及优秀作品鉴赏等内容。本丛书能够满足各高等院校环境设计学科及室内设计专业教学的需求，同时也对众多的从业人员、初学者及设计爱好者有启发和参考作用。

本丛书的出版得到了化学工业出版社领导的倾力相助，在此表示感谢。希望我们的共同努力能够为中国设计铺就坚实的基础，并达到更高的专业水准。

任重而道远，谨此纪为自勉。

朱 淳

2019年7月

目录

第 1 章　室内色彩概述

在五彩斑斓、缤纷绚丽的大千世界里，色彩使得人们对这个世界有了更丰富的认知。它作为最普遍的一种感官信号和审美形式，体现在我们生活的各个方面，从自然界到人类社会、从室内到室外，无时无刻不与色彩产生联系。

1.1　色彩的概念

1.1.1 色彩的定义

人类对于色彩的研究可以追溯到千余年以前，但直到18世纪科学家艾萨克·牛顿通过色散实验对色彩进行了科学的解释，才使得色彩成为一门独立的学科。简单来说，色彩是人类在长久以来的生活过程中，通过眼睛、大脑所形成的对于光的一种视觉效应。1666年，英国科学家牛顿发现，当纯白光穿过棱镜时，会分离成所有可见的颜色（见图1-1）。牛顿还发现，每种颜色都由单一波长组成，不能再与其他颜色分开。实验证明，光可以组合形成其他颜色。如红光与黄光混合产生橙色，绿色、蓝色和红色三种色光混合在一起时会相互抵消并成为白光。

图1-1　牛顿色散实验

牛顿之后的很多科学研究结果表明，色彩是色与光作为基本要素的客观存在，对于人则是通过眼部感官获得的一种视觉现象，形成这种现象的三个要素是：光线、物体对于光线的反射、人的视觉器官——眼睛。太阳发射的光波中有可见光与不可见光，都是由光波的波长所决定的，波长大于780nm或小于380nm的光波在正常环境下不会被人们肉眼所见，称为不可见光，如红外线、紫外线等。而人眼所能感受到的光波波长在380~780nm，即可见光。我们之所以能看到各种色彩是因为不同波长的可见光投射到物体表面，一部分波长的光被物体吸收，还有一部分波长的光通过物体反射到达人的眼睛，通过视神经传递给大脑，形成对物体的色彩信息，即色彩感觉。不同波长的光使人眼感受到的物体颜色各不相同，人眼所感受到的红色，一般为波长780~610nm的可见光；人眼所感受到的橙色，一般为波长610~590nm的可见光；人眼所感受到的黄色，一般为波长590~570nm的可见光；人眼所感受到的绿色，一般为波长570~500nm的可见光；人眼所感受到的蓝色，一般为波长450~500nm的可见光；人眼所感受到的紫色，一般为波长450~380nm的可见光（见图1-2）。

所以说，光线、人眼、物体这三者之间的相互作用，组成了色彩学和色彩研究的基本内容，也是色彩实践的理论基础和科学依据。

1.1.2 色彩的属性

色彩具有三个基本属性，即色相、纯度、明度。在色彩学上称之为色彩的三要素，也是作为感官识别色彩的基础，了解和熟练运用色彩的三属性也是色彩设计的基本内容。

（1）色相

色相即色彩的特征相貌，是用于区分各种色彩的主要依据，也是色彩最基本的特征。色相的变化是由波长决定的，可见光光波的不同，通过眼睛所感受到的色彩也不同。基本色相包括红、橙、黄、绿、青、蓝、紫，而黑白没有色相，为中性（见图1-3）。

图1-3 色彩的基本属性——色相

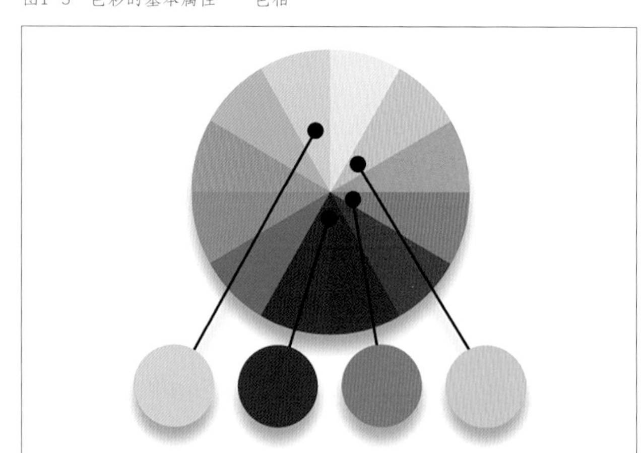

图1-2 可见光光谱示意

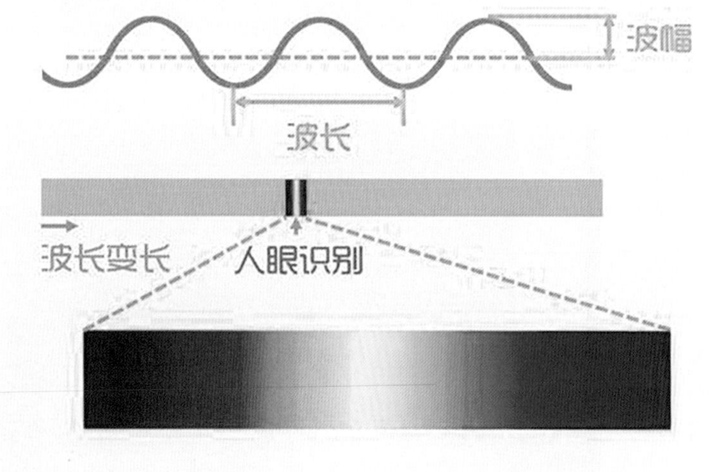

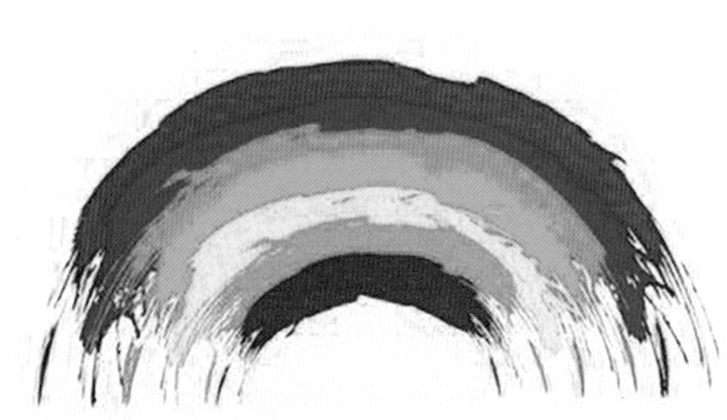

（2）纯度

纯度是指各色彩中包含单种标准色成分的比例，即光波的单纯程度，也称作色彩的饱和度、彩度。色彩纯度的变化可以产生各种不同强弱的色相变化，从而使颜色产生不同的美感和个性。不同色相所能达到的纯度是不同的，研究发现，红色是所有颜色中纯度最高的颜色，而蓝绿色则纯度最低（见图1-4）。

（3）明度

明度是指色彩的明暗程度，由于物体表面反射光的程度不同，其色彩的明暗也会不同。色彩的明度可以指两个方面：一是指某一色相内的明暗深浅变化，如湖蓝、天蓝、深蓝色都是属于蓝的色相，但是深浅变化却有所不同；其次是指不同色相之间的明暗深浅差别。比如说黄色是标准色中明度最高的，而紫色明度最低，橙、绿、蓝处于相近的明度之间。在孟塞尔颜色系统中，黑色的绝对明度被定义为0（理想黑），而白色的绝对明度被定义为100（理想白）（见图1-5、图1-6）。

图1-4　色彩的基本属性——纯度

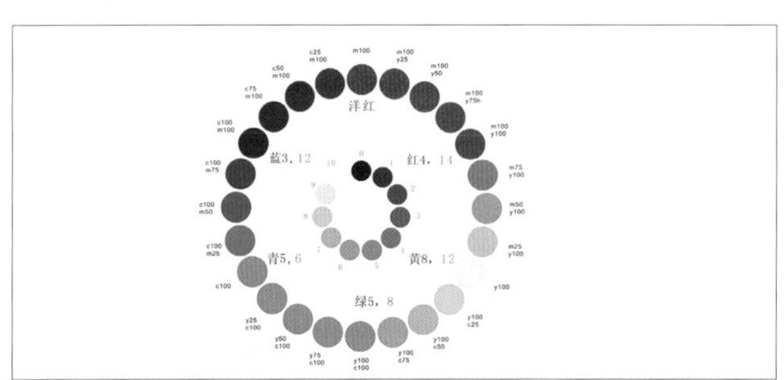

图1-5　色彩的基本属性——明度

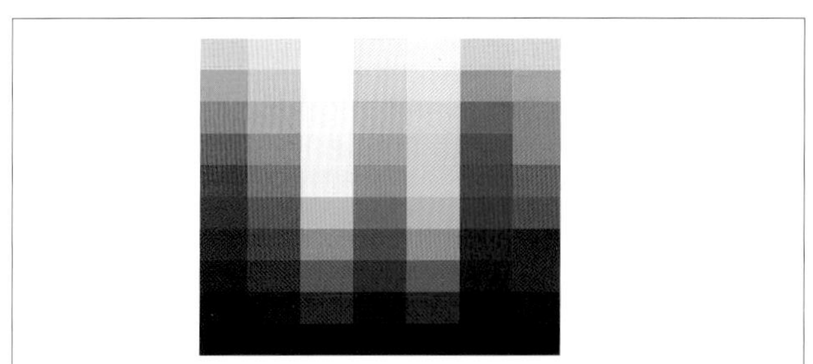

图1-6　颜色实体（Munsell颜色系统）

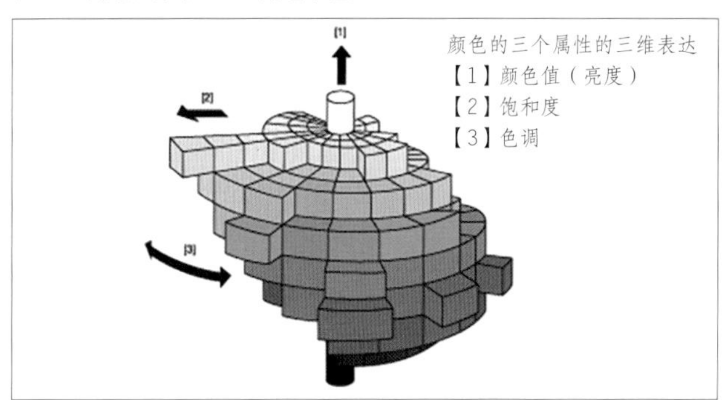

1.1.3 色彩的分类

色彩按照其表现形式可以分为两大类：无彩色系和有彩色系(见图1-7）。无彩色系的唯一属性特征是明度，黑色、白色、灰色都属于无彩色系。而其他色彩都包含三个属性特征：色相、明度、纯度，称为有彩色系。

色彩按照基本种类可分为原色、间色、复色三种。在色彩中，不能再次分解的颜色称为原色。原色的特点是原色之间相互结合可以产生其他颜色，而其他颜色的组合不能还原为原色。光的三原色为红（red），绿（green），蓝（blue），简称“RGB”。三种原色混合即是无色“白光”。将三原色两两进行混合会产生以下颜色：蓝色与红色混合得到品红色，蓝色与绿色混合得到青色，绿色和红色混合得到黄色。这三种颜色是由三原色两两混合得到的，其纯度并没有原色高，所以称之为色光三间色。三间色进行混合即可得到黑色。三间色多用于打印涂料等物体的设色，所以也称为颜料的三原色。由于三间色混合得到黑色，因此也称为四色原理（CMYK）。由两个间色或者一种原色与其对应的间色先后混合得到复色。复色是最丰富的色彩体系，千变万化，颜色各异。复色包含了除原色和间色以外的所有颜色（见图1-8、图1-9）。

图1-7　无彩色系与有彩色系

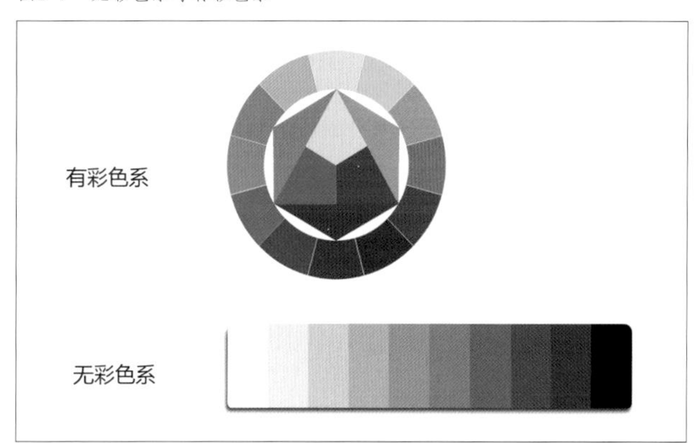

图1-8　光的三原色（Light，RGB）
图1-9　颜料的三原色（pigment，CMYK）

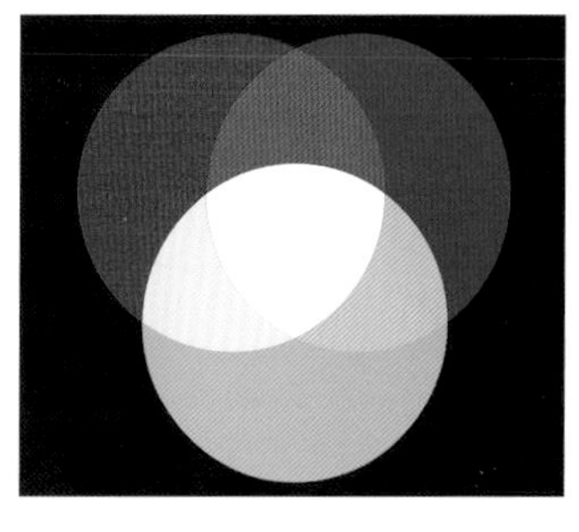

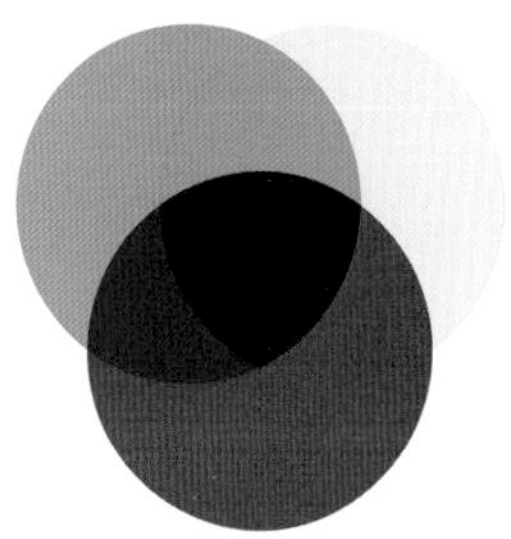

1.2 室内色彩的属性

色彩是光、眼、物三者综合产生的一种视觉现象，其本身并没有任何属性，但不同色彩在空间中的应用，却又使人视觉感官产生不一样的反应，从而带来心理上的变化，诸如冷暖色调、距离远近、物体轻重、空间大小、强调弱化、柔软坚硬等心理感受。不仅如此，色彩对人的心理感受所产生的影响不仅局限于某种颜色，不同色彩的搭配组合、不同材质的色彩变化以及不同空间形态的色彩构成，都会影响人们对于空间的认知和感受。

1.2.1 室内色彩的物理属性

（1）色彩的“冷”与“暖”

在色彩学体系中，按照色相一般会把色彩分为冷色、热色和温色。从红紫、红、橙、黄到黄绿色称为热色，其中橙色最热。从青紫、青至青绿色称为冷色，以青色为最冷。绿色是黄色与青色混合而成，紫色是红色与青色混合而成，因此称为温色，又可称为中性色（见图1–10）。这样的划分是与人类长期生活经验的感受是一致的，如橙色、红色、黄色会让人联想到火焰、太阳、火山等，因此给人带来火热、热情、情绪亢奋的感受。而蓝色、青色则会让人联想到夜空、冰、水等，从而给人带来清静、凉爽、冰冷的感受。绿色与紫色之间的色彩则会让人联想到草地、大海、丁香等，给人以安全、平和、典雅的感受（见图1–11、图1–12）。

图1–10 冷色调与暖色调示意

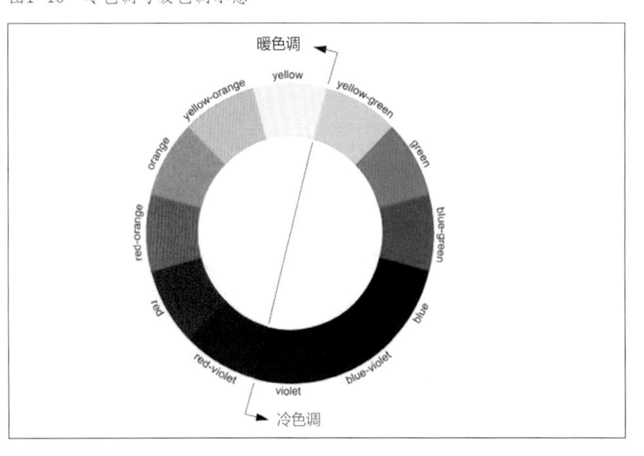

（2）色彩的“远”与“近”

色彩有距离感，可以影响视觉空间的尺度认知，使人心理产生前进、凹凸、远近的感受。一般暖色系和高明度的色彩有前进、凸出和距离近的效果，而冷色系和明度较低的色彩则具有后退、凹进、远离的效果。在室内色彩设计过程中，可运用色彩对人的心理感受，去改变空间环境。如若要强调一个空间的纵深感，一般会在入口处附近选择较亮的颜色，而尽头选用明度较低的色彩，通过色彩的强弱对比在视觉上来增强空间的纵深长度（见图1–13）。

图1–11 室内色彩冷色调

图1–12 室内色彩暖色调

图1–13 室内色彩的远近感

（3）色彩的“轻”与“重”

色彩本身并没有质量，但不同的色彩却会给人以轻重变化的心理感受，色彩的轻重变化是由色彩的明度与纯度决定的。纯度、明度越高的颜色显得越轻，如黄色、浅绿色等，给人以轻松愉悦的感受。而明度、纯度越低的颜色显得沉重，如深灰色、褐色等，给人以稳重、压抑、沉重的感觉。根据物理常识和经验，重物下沉，轻物上升，颜色也是如此。在空间的色彩运用中，底部采用深褐色、灰色，上部采用白色、黄色的空间会给人逐渐上升、轻盈的视觉感受；相反底部采用浅黄色，顶部大面积深色、深褐色的空间会给人以稳重或者压抑的视觉感受（见图1-14、图1-15）。

（4）色彩的“大”与“小”

在物理学中的热胀冷缩原理，与我们对色彩的认识也有所联系，即不同的色彩也具有膨胀和收缩的视觉特点。色彩对物体大小的作用主要是由色相和明度决定的。暖色和明度高色彩的物体通过人的视觉感官会产生扩散的作用，因此会使人感觉这样的物体比实际体积要大，如LED灯泡在发光后感觉要比不发光的灯泡大一些（见图1-16）。而冷色和较深的颜色具有视觉收缩作用，因此会使人感觉这样的物体比实际的要小，如同等大小的黑色旗子看起来要比同等大小的白色旗子小。这一色彩特性在现代室内空间设计中有着广泛的应用，利用色彩来适当调整空间或者物体的大小，如狭小的房间多采用暖色且明度较高的色彩作为主色调，家具、配饰等选择深色搭配，会使得整个空间在视觉上比实际空间更为宽敞（见图1-17）。

图1-15　深色顶部界面室内空间

图1-16　发光灯与不发光灯的体积对比

图1-14　深色底部界面室内空间

图1-17　色彩的大小在室内空间中的效果

图1-18 色彩强弱关系在室内空间中的运用1

图1-19 色彩强弱关系在室内空间中的运用2

（5）色彩的“强”与“弱”

色彩具有强与弱的对比关系，在室内设计中也较为常用。通过颜色的强弱对比可以强调一个空间的层次变化，还可以突出视觉焦点。例如室内背景墙或者陈列墙面，一般都会选择深色系，以此来凸显装饰物，表达视觉中心焦点（见图1-18、图1-19）。比如自动扶梯台阶一般选用深色，而台阶边缘则会有黄色线条作为提示线，通过色彩的强弱关系来凸显物体的边缘，以起到安全提示的作用（见图1-20）。

（6）色彩的“软”与“硬”

色彩的物理属性还包括软与硬的对比关系，高明度的色彩会使物体变得更为柔软，相反，暗色系的颜色会加深人对物体硬度的感受。布艺材质尤为突出这一色彩特性。如室内窗帘一般分为两层，一层为遮光帘，一层为薄纱帘，遮阳帘通常选用质地较厚的布料且颜色一般较深，除了增加遮光效果也会使人感觉到布料的厚重感和质地的硬度；而薄纱帘一般会搭配明度较高的色彩，如白色、浅黄色等，增加透光性的同时也能表现出其柔软、舒适的视觉感受（见图1-21）。

1.2.2 室内色彩的生理与心理属性

现代社会中，色彩的运用已经渗透到我们生活的方方面面，色彩的视觉感受已经成为最大众化的审美情趣之一。为什么不同的色彩会带给人不一样的感受，而不同空间也会选择不同的色彩倾向，这是因为色彩与人的生理和心理反应存在一定联系（见图1-22）。

图1-20 自动扶梯踏步边缘黄线起到提示作用

图1-21 室内窗帘的色彩变化

你在黄色的房间里会感到焦虑吗？蓝色是否会让你感到平静和放松？科学研究发现，色彩对人的心理和生理都会产生不同的影响。有研究表明：人们的脑电波和皮肤活动都会在红色光照下发生改变。在红光的照射下，人们的听觉感受也会降低，而握力会增加。通过人眼观察，同一物体在红光下要比在蓝光下看起来更大一些；在红光下工作的人比正常工作者反应要快，但是工作效率却低（见图1–23）。

更有研究者发现，色彩会改变人体荷尔蒙的分泌，而荷尔蒙的含量直接会影响人们的身心健康和情绪表达。如红色、橙色、黄色会增加人体荷尔蒙的分泌，从而产生兴奋、情绪激动甚至亢奋的作用，由此激发人们的积极性，使人进入兴奋状态；相反，蓝色、绿色、紫色则不会刺激人体荷尔蒙的分泌，从而使人产生平静、舒缓的心理感受。

另有研究发现，人体的皮肤对于颜色也有选择性。人的皮肤会吸收喜欢的颜色，也会排斥讨厌的颜色。例如室内的色彩可以影响人体的状态。在外部环境相同的情况下，人进入一间四面都是红色的房间内，体温会有所升高，所感受的时间也会增长；而在一间四面都是蓝色的房间内，人的体温会有所降低，所感受的时间也会变短。因此，人体的温度感受会随室内色彩而发生一定的变化（见图1–24、图1–25）。

图1–22　色彩心理学

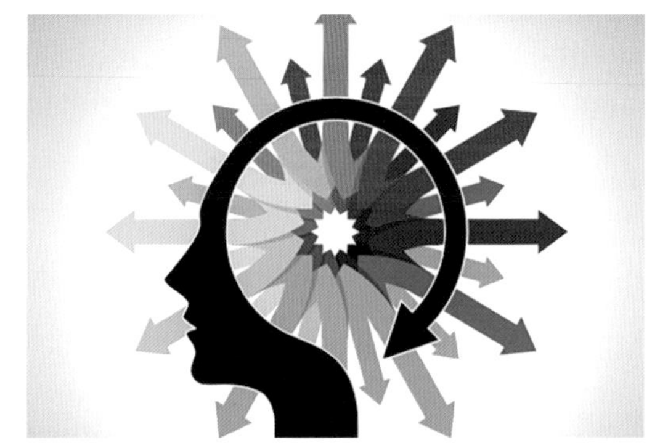

图1–23　红色的办公室空间会降低人的工作效率

图1–24　蓝色空间对人生理和心理会产生一定影响

图1–25　红色空间与对人生理和心理会产生一定影响

这些观察和实验虽然不能完全证明色彩会对人产生不同的作用，但至少说明色彩会对人类心理和生理反应造成一定程度的影响。

色彩是一种强大的交流工具，可以用来表示行动，影响情绪，甚至影响生理反应。某些颜色还与血压升高、新陈代谢增加和眼睛疲劳有关。在室内设计中会遇到各种各样的颜色，使用得当会有利于人体身心健康，反之则对健康不利。表1–1是色彩的基本含义。

综上所述，色彩作为室内空间中的重要组成部分，不仅具有装饰、美化等功能性作用，也会对空间中使用者的心理和生理产生重要影响（见表1–2）。

表1–1 色彩基本含义

颜色	含义
■ 红色	正面含义：有能量，激情，热情，勇敢，充满活力 负面含义：暴力，愤怒，过于刺激，危险
■ 深红色	稳固，厚重，朴实，温暖
■ 粉色	充满活力，有能量，浪漫，感性，喜庆
■ 桃色	诱人，可口，有吸引力，软，香甜
■ 橙色	明亮的，有趣，友好，好玩，有活力，激情，自信，有吸引力
■ 黄色	积极，乐观，精力充沛，阳光，创新，活力，友好，活泼，快乐
■ 淡黄绿色	活跃，灵动，娇嫩，希望
■ 橄榄绿	经典的，庄重的，神圣，和平，深沉
■ 绿色	成长，重生，自然，稳定，丰富，平和，新鲜，草地
■ 翡翠色	奢华，有质感，珍贵
■ 绿松石	清澈的，明亮的，水，凉爽，宝石
■ 亮蓝	值得信赖，平静，平和，放松，充满活力，印象深刻
■ 浅蓝	干净，天空，耐心，凉爽
■ 深蓝	正面含义：权威，可靠，保守，古典，忠诚，力量，专业，制服，航海 负面含义：忧郁
■ 紫色	怀旧，多愁善感，复杂，豪华，富有表现力，感性
■ 紫水晶色	安心，放松，治疗
■ 薰衣草色	浪漫，幻想，自然，放松
■ 棕色	诚实，简单，有机，温暖，朴实，自然，传统，耐用，扎实，稳定
■ 浅棕色	户外，乡村，树木，坚固
■ 灰色	中性，喜怒无常，保守，正式，专业，不明显，实用，永恒，有条理，含蓄的，温和
■ 黑色	正面含义：大胆，强大，经典的，有信心，成熟，前卫，优雅，基本，神秘 负面含义：黑暗，死亡，悲伤，压迫，威胁
□ 白色	正面含义：简洁，干净，纯洁，无声，清晰 负面含义：单调，无趣

表1–2 色彩在室内空间中的影响

色彩	色彩在空间中的影响
红色 Red 是充满活力的，同时能够刺激食欲。红色也被认为会增加一个人的脉搏率和血压。	适用于 为了避免过度刺激，可以在室内空间中作为配色或是装饰物色彩使用。 不适用于 大面积的红色，会给人很强烈的心理感受，长时间处于红色空间中，还会引起头痛。在卧室或是想要休息、放松的空间中，红色不是理想的选择。
蓝色 Blue 能够创造一种舒适而宁静的氛围。蓝色具有清凉和平静的效果，被认为会引发人们思考。蓝色在空间中运用得当，能够营造舒适和放松的空间氛围。	适用于 蓝色与白色的搭配能够营造良好效果。 不适用于 过度使用蓝色会给人一种远离、不欢迎的感受，为了获得较理想的效果，蓝色可以与暖色调色彩搭配使用。
绿色 Green 给人放松、安静的感受，让人联想到自然。浅绿色调的房间看起来清新和放松。	适用于 绿色可以促进情感和身体健康。 不适用于 过度使用绿色会让人感到过于放松或自满。
黄色 Yellow 是快乐的颜色，它也是充满活力和振奋人心的，但如果使用过多，可能会过度刺激情绪，让人感到烦躁。	适用于 在空间中作为重点色或强调色使用，会使得某一区域脱颖而出。 不适用于 黄色尽量不用于卧室空间，因为黄色被认为可能会影响人们放松。
橙色 Orange 是一种能激发兴奋和快乐的颜色。深橙色是充满活力的，而浅橙色是一个较为放松的色调。	适用于 橙色在用餐区使用，能够提高人们食欲。在橙色空间当中需要增加充足的光线，以避免使空间看起来更小。 不适用于 橙色不适宜用于卧室空间。
棕色 Brown 棕色色调的房间能带来一种舒适和自然的感觉。这种颜色较为吸引男性，棕色给人营造一种可靠性和舒适感。	适用于 棕色可作为中性调空间的背景色彩选择。 不适用于 棕色不适合没有自然光的房间，它往往使空间看起来灰暗和沉闷。
黑色 Black 黑色是装饰空间或家具的理想选择。一个简约房间的色彩设计也可选用黑色作为辅助用色。	适用于 使用黑色的空间需要确保空间中有足够的光源。黑色也可搭配一些色调偏“甜”的颜色，如粉红色。 不适用于 黑色运用于卧室空间会给人带来沮丧的心理感受。

1.2.3 室内色彩的象征属性

人们对色彩的喜好各不相同，这种心理反应的差异，一方面与人的生活经验和对色彩的联想有关，另一方面也与人的年龄、性别、民族、艺术修养和审美品位等因素分不开。例如红色让人联想到太阳、火焰等，它可以代表温暖或危险。由于红色也是血液的颜色，因此红色被认为是充满活力的活泼的颜色，并且与心脏等事物有关，有时也与暴力有关。与红色一样，黑色也有很多（有时是对立的）含义，它可以代表力量、奢华、精致和独特；另一方面，它可以象征死亡、邪恶或神秘。黄色作为阳光的颜色，给人快乐、友善和春天的新鲜感，它也可以在某些情况下发出警告或警示。绿色让人联想到植物生命和生长的颜色，因此，通常象征着健康、青春、活力、希望等。人们对于色彩的认识从最初的经验感觉上升到理性认知，有普遍性也有特殊性，有共性也有个性。同时，一种色彩可能同时象征着多种含义，因此，在进行室内色彩设计时，对色彩含义的选择应结合具体情况具体分析，切勿盲目单一地去理解色彩的属性。

1.3 室内色彩设计发展

色彩学的研究从19世纪开始，其理论奠基者是德国化学家W. 奥斯特瓦德（1855—1932）和美国画家A. H. 孟塞尔（1858—1918）（见图1-26）。色彩学与透视学、解剖学成为美术的基础理论，是重要的基础学科之一。色彩学是研究色彩的产生、接受及其应用规律的学科，是一门综合性学科，以光学为基础，涉及心理学、物理学、美学等相关学科理论与方法。

图1-26 无彩色系与有彩色系

美国画家孟塞尔（A.H.Munsell，1858—1918）是色彩学的理论奠基者。他所创立的孟塞尔颜色系统是用颜色立体模型表示表面色的三种视觉特征：明度、色调、彩度。

孟塞尔的色球。1900年孟塞尔发现，如果要保持色相、明度和色度的感知均匀，可达到的表面不可能被强制成规则形状。

1943年孟塞尔注释的三维表示与孟塞尔早期的颜色球相比，右边的形状不规则。

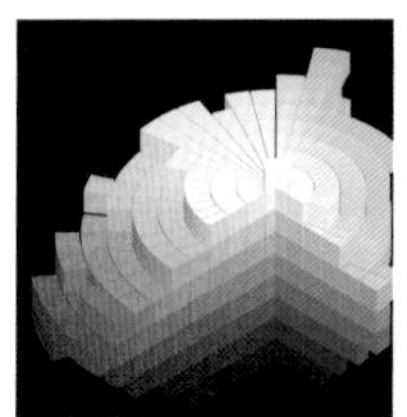

后来国际上对于色彩学的研究领域在不断地扩展和延伸，色彩的应用从绘画到设计不断拓宽。一些发达国家有自己较为成熟的色彩体系，不但注重对色彩理论与实践的研究，同时也较为注重对色彩的基础教学。如《美国色彩基础教材》一书中对色彩的基础知识以及色彩在二维平面和三维立体中的应用进行了详细的介绍，对于色彩的基础教学提供了理论学习的参考。日本色彩设计研究所编著的《色彩形象坐标》一书中，对于色彩的色相、色调、配色等知识运用坐标的形式更加理性地进行分析说明，使读者能够更加清晰地了解每种色彩的独特性和相关性。

20世纪80年代，美国色彩协会（CAUS）最早将色彩趋势报告运用到室内设计领域，从室内环境色彩艺术化处理，到家居产品色彩搭配设计，不断扩充室内设计的研究内容与方向。色彩在室内空间中已经得到了广泛的运用，对于室内色彩设计的研究也在不断增多。如新加坡籍设计师丹尼尔所著《室内色彩设计法则》，对于色彩的基础知识运用图文并茂的方式进行解析，全书中有大量的配图，理论结合实践，通俗易懂的方式阐述室内色彩设计运用。珍妮·科帕茨所著《三维空间的色彩设计》一书中介绍了色彩的理论以及加入了色彩相关的实验说明，并对色彩在住宅、商业、公共空间的运用进行分析。对于室内色彩设计的研究也融入了心理学的相关知识，如日本色彩学家滝孝雄所著《色彩心理学》一书，除了介绍色彩理论的基础知识外，还分析了色彩对人的心理影响。迄今为止，色彩心理学对于人的心理影响还没有科学严谨的系统理论知识。研究人员和专家对色彩心理学及其对情绪、感受和行为的影响做出了一些重要发现和观察，关于色彩对于心理功能的影响已经进行了很多实践性工作。色彩心理学在商业、艺术教育、设计领域等方面越来越受到重视（见图1-27）。

图1-27 室内色彩设计受心理学的影响

近年来在我国关于室内色彩的研究也引起了人们的广泛关注。如2004年南开大学联合日本色彩设计研究所共同创建了南开大学色彩与公共艺术研究中心，旨在提升我国色彩理论与实践研究领域的发展。中国美院副院长宋建明教授的色彩研究团队对于我国色彩学教学体系以及城市色彩规划与设计等的研究，也引起了越来越多的学者和设计师乃至相关从业人员的关注，色彩的重要性也愈加凸显。

从我国当前室内设计现状来看，色彩在室内环境设计实践中还存在不少问题。一方面一些空间色彩单调、雷同、缺少变化。现如今有部分住宅小区属于精装修，拎包入住，家家户户都是一样的装修风格，大同小异，缺少变化，限制了住户对于室内设计的想象力，使得室内色彩设计也千篇一律、呆板单调。另一方面，还有一些空间色彩琐碎凌乱，缺乏对整体色调的把握。一些以经济利益为重的装修公司，由于专业水平不高，有些设计人员也缺乏系统的专业学习和色彩知识，因此对于室内设计多东拼西凑，缺乏对室内色彩环境的整体把控，再加上施工过程中的随意改动，都影响着室内环境的整体效果。

随着人们生活水平的不断提高，人们对于生活、休闲、工作的室内环境也提出更高、更具体的要求，对于生活环境的改善也给予了越来越多的期望。色彩作为室内环境重要的影响因素之一，其在设计领域的重要性也日益凸显。

思考与延伸

1. 简述色彩的分类与特征。
2. 简述室内色彩的属性及其特点。

第 2 章　色彩在室内设计中的主要功能

色彩能够营造或改变室内环境的整体氛围与格调，同时也能够带给人视觉上的差异和艺术上的享受。进入某一空间中，人对于室内环境的最初印象就是由色彩引起的，进而才会去理解和认识形体。所以，色彩作为室内重要的视觉影响要素也越来越引起人们的重视。它能够影响室内其他要素的效果，如对于室内自然照明不足的空间，能够通过运用高明度色彩的陈设物或墙面来提高空间的亮度。色彩还能够改善一些室内环境存在的不足。色彩在空间中的主要功能包括调节室内环境、提高空间识别性、丰富空间装饰效果、体现空间氛围与基调。

2.1　调节室内环境

2.1.1 调节光线的功能

实验证明，不同色彩具有不同的反射率，如白色的反射率为70%~90%，灰色的反射率为10%~70%，黑色的反射率在10%以下。颜色的明度是决定色彩反射率的主要依据。明度高的色彩反射光线强，明度低的色彩反射光线弱。可以将色彩的这一特征运用到室内光线强弱的调节中，若室内光线过强，可采用一些反射率较低的色彩家具；在一些需要充足光线和照明的空间中，如图书馆或医疗诊室等场所，可以采用高明度色彩的墙面和陈设物来提高室内亮度；在一些娱乐场所，如KTV、酒吧等室内环境中，为了营造私密、惬意的环境，往往采用明度较低的深色系，以减少室内的亮度和光线的折射效果（见图2-1~图2-3）。

光与色彩的结合可以起到改变室内环境的作用，设计师可以利用色彩的这一特性打造想要的室内风格。室内空间中的主体色、背景色、物体色和环境色与自然光线的相互协调与组合，可以起到调节室内光线的作用（见图2-4、图2-5）。

图2-1　图书馆大多以高明度色彩为主

图2-2 公共空间多以高明度色彩为主

图2-3 酒吧等娱乐空间多以深色系色彩为主

图2-4 光线与室内色彩的结合1

图2-5 光线与室内色彩的结合2

2.1.2 调节空间的功能

在前文中提到了色彩的物理属性“大”与“小”，指的是同一空间或者相同物体运用不同的色彩表现会给人不一样的视觉感受，使得同一空间或物体产生不同大小的感觉。导致空间或物体产生不同大小的原因在于色彩的一些基本特性，如高明度、暖色调、纯度高的色彩会给人前进、膨胀、凸出的视觉感受，而低明度、冷色调、低纯度的色彩则具有后退、缩小等感受。所以，根据这一特征，在空间呈现过大或空旷时，可采用前进色来使空间在视觉上看起来变小一些；相反，在空间比较局促、狭小的情况下，可选用后退色，以使得空间在视觉上看起来更宽敞一些（见图2-6、图2-7）。

在利用色彩调节空间的过程中，有几种常见的方法。室内空间可分为顶界面、底界面、两个侧界面和后界面，若顶界面采用深色，其他界面为浅色时，空间会有下沉感；若底界面为深色，其他界面为浅色，则空间具有上升感；若顶界面和底界面采用深色，其他界面为浅色，空间呈低宽感；若两侧界面采用深色，其他界面为浅色，则空间有变窄和加深的感觉；若后界面为深色，其他界面为浅色，则空间具有前进感。不同空间界面的色彩变化，都会给人视觉上造成不同的感受，因此，在实际的色彩运用过程中，可根据空间大小、功能和想要营造的氛围等情况做具体分析，将色彩这一特性更好地运用到室内设计中。

图2-6　黑色走廊显得较为狭窄

图2-7　白色走廊显得较为宽敞

2.1.3 调节温度的功能

根据人们对客观世界的主观想象产生的心理感受，人们将色彩分为冷色调和暖色调。如在客观世界中太阳、炉火等反射出的红色、橙色光，让人感觉到火热，而海洋、蓝天等反射出的蓝色光给人以冰凉之感，在人们心中对于色彩有了主观感受，因此会感觉红色、橙色光是热的，而蓝色、青绿色则会有冷的感觉。将冷暖不同的色彩运用到室内空间中，通过视觉体验能在一定程度上使人产生不同的温度感受（见图2-8、图2-9）。

在运用色彩这一特性时，应根据空间、地理位置等情况做具体分析。如空间面积较小时，冷色调作为主基调能够将空间显现得大一些；而宽敞的室内环境，采用暖色调为主基调能够减小空间的空旷感。在严寒地区，室内墙壁、家具、地毯等的用色可以选用暖色调为主，暖色装饰能够给人温暖之感；在炎热地区，宜选用蓝色、绿色等为主的冷色调，能够给人以凉爽之感；对于四季气温变化不大的地区，也可采用一些中性色或较为柔和的颜色作为背景色，利用室内装饰物的色彩变化来搭配季节的改变，使得空间氛围稳定中带着细微的变化。以上是色彩较为常见的处理方法，值得注意的是，在现实中遇到的情况往往更为复杂，可能还需考虑使用者的色彩偏好、地域文化、与外部环境的和谐统一等因素（见图2-10、图2-11）。

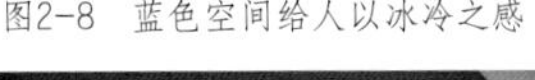
图2-8 蓝色空间给人以冰冷之感

图2-9 橙色与红色空间给人以温暖之感

图2-10 冷暖色搭配的室内色彩1

图2-11　冷暖色搭配的室内色彩2

图2-12　室内陈设色彩重量感的差异

图2-13　某卧室色彩轻重的搭配
深色的台灯以及地面与白色床被和橙色沙发的搭配，稳重又不失活泼。

2.1.4 调节物体的功能

色彩还能够起到调节物体轻重之感的作用。在室内空间中，如果顶界面是深色的或是冷色调的，会显得空间往下沉，有一种“重”的感觉；相反，如果顶界面是浅色调或暖色调的，空间会有向上的感觉，似乎增加了空间的高度。色彩的明度、纯度、冷暖色系都会给人不同轻重之感，如明度高的色彩感觉轻，明度低的色彩感觉重；纯度高的色彩感觉轻，纯度低的色彩感觉重。

在室内空间中，常会强调要注重空间的平衡感，而色彩对于物体产生的重量感则可以对空间的构图与稳定起到至关重要的作用。同时，色彩的重量感对于塑造局部小空间的氛围和基调也有明显的作用，它可以通过一些家具、装饰物的色彩选择来营造相应的空间风格（图2-12、图2-13）。

2.2 提高空间识别性

在日常生活中，色彩往往扮演着很重要的角色。人的视线中无时无刻不充满着各类色彩，人天生对色彩就具备敏感性，对不同色彩的感知度和情感表达也有所不同。人天生对于血液的红色具有一定的恐惧和警惕的情感信号，对于柔和的黄色和米白色则会更加容易接受，这是人先天对于颜色的反应，也使得色彩具有了一定的标识性。在色彩设计中也经常会利用色彩的这一特性。例如大部分的植物都是绿色，这使得绿色渐渐地具有了健康、阳光、安全的标识特征，所以食品商店的室内设计中大多会选择绿色作为提示色和装饰色，以和人对于绿色的心理反应形成呼应。再比如黄色、柠檬绿等明度饱和度较高的色彩对于人的视觉刺激比较强烈，同时也是最为醒目的色彩，在一些公共空间中经常使用高明度的色彩作为提示色，便于人观察，起到引导交通和辨别不同空间功能的作用。这些都是色彩的识别功能作用（见图2-14~图2-16）。

色彩作为标识作用而言，一般具有这几类功能：吸引注意力、导视功能、区别空间、突出层次、提示功能等。不同色彩的搭配，可产生不同的识别距离，即不同的醒目程度和可识别度。例如，无彩色系作背景色，高明度饱和度的色彩做前景色的识别度较高，可读性也较强。

图2-14 黄色在公共空间中使用可以起到醒目的视觉效果

图2-15 食品商店用绿色作为背景色，会让人们联想到健康、安全的食物

图2-16 医院室内的白色给人干净无菌的感受

2.3　丰富空间装饰效果

红、橙、黄、绿、蓝、靛、紫七种色彩的不同组合，可以创造出丰富绚丽的效果，用来装饰不同的空间氛围。设想一下，在室内空间中，有完美的功能布局、优质的家具造型、精美的细部装饰，但空间界面内的所有物品都没有色彩，那这个空间也是黯然失色的，不会给人带来特别的感受，所以在室内设计中，应充分发挥色彩的装饰作用，通过色彩与材质、灯光等室内要素的结合，来塑造不同的装饰效果。

在室外环境中，人们对于色彩更多的是“看到”，而不会停下来做细致的观察，因为色彩主要用于表现建筑外观结构、协调周围环境、表现建筑材料本身，色彩设计相对单一。而人们大部分的时间是在室内度过的，由于空间缩小，人在空间中会有归属感和参与感，所以对于室内色彩需要微观处理。色彩在室内空间中不仅可以突出局部形体，还能美化室内环境，体现空间功能，以及烘托气氛等。儿童医院室内空间中一般会采用彩色图案或者色彩丰富的墙面装饰效果，这样的设计不仅可以吸引儿童的注意力，也可以起到很好的装饰美化效果。在一些主题酒店的色彩设计中，为了突出表现酒店主题特点，与主题呼应的色彩元素、特殊的图形符号或者彩色图案，以及不同灯光、材质与色彩的组合，都带有很强的装饰效果，既能表现主题特征，又可以美化环境，这也是色彩最基本的功能体现。而在具有地域特色的酒店空间中，其色彩的装饰效果往往会与当地的风土人情以及传统的图案纹饰色彩相结合。例如地中海风情的酒店色彩设计，室内的色彩装饰往往少不了白色、米黄色、蓝色，以及条纹状色彩图案。而在中东地区的酒店室内，往往能看到大面积的红色作为装饰色彩。所以说室内色彩的装饰性也与地域文化有着密切的联系（见图2-17~图2-22）。

图2-17　装饰效果强烈的室内空间

图2-18　不同色彩组成的装饰背景墙

图2-19 不同色彩的陈设物也具有很强的装饰性

图2-20 具有强烈装饰效果的室内空间

图2-21 不同色彩组成极富装饰效果的酒店大堂

图2-22 具有浓郁地域风情的装饰色彩空间

2.4　体现空间氛围与基调

现代室内设计都强调要营造空间氛围。空间氛围的塑造受哪些要素的影响？在室内设计中，功能布局、家具装饰、色彩搭配的协调统一，才能够营造出理想的空间氛围。在这三者中，色彩也是最直观体现室内效果的关键要素，因为人们进入一个空间中，首先会被颜色所吸引，其次才是造型和材料。

前面已经提到了色彩的物理属性能够让人产生冷与暖、轻与重、远与近、大与小的心理感受，虽然这些感受并不是真实地存在于客观世界，但是设计师可以通过对这些色彩属性的合理运用来营造出理想的空间氛围与基调。比如一个空间中大面积使用对比色，且种类丰富，那么给人的感觉会是比较梦幻、怪诞的，可以用在舞台布置、展览空间中营造如梦如幻、有视觉冲击力的环境气氛；空间界面以及陈设物多用白色，给人纯净的、神圣的空间氛围，在一些具有仪式感的场所中较为常见（见图2-23、图2-24）。

空间中色彩基调的统一直接影响空间整体和谐的效果。色彩是空间中最直观的视觉要素，也是室内设计的重要影响因素，是室内氛围的主要营造者，同时具有造价低且施工便捷的优点。合理巧妙地运用色彩可以在短时间内改变室内环境的整体基调，营造出理想的空间氛围。色彩可以影响空间的尺度和冷暖的变化，给人的视觉感受带来不一样的体验，同样的灰色调空间，细微的色彩偏差都可以使人感觉到空间偏冷一些或偏暖一些，很小的色彩变化也可以造成空间增大或缩小的视错觉（见图2-25、图2-26）。

色彩本身是没有情感和个性的。然而，受生活环境以及传统习惯等因素的影响，人们在生理和心理上对于外部世界都有主观的认知，脑海中对于色彩有主观联想，从而赋予色彩情感的意义。色彩对于人有了情感意义之后，室内空间的色彩氛围与基调才能够被人所体会到。

图2-23　白色空间给人以神圣感

图2-24　舞台色彩设计
舞台的色彩一般对比较为明显，以营造强烈的视觉冲击力。

图2-25 色彩营造空间氛围1
色彩的细微变化可以营造不一样的心理感受，图中两把淡粉色的座椅为平静的空间增添了几分暖意。

从以上对于色彩主要功能的介绍中可以看出，色彩设计并不是单一的颜色选择，而是对于包括人在内的各种因素的总体考量设计。当一个空间存在一些缺陷，如空间较小或层高较低的问题时，可以运用色彩的一些功能作用去调节。对于色彩的运用，也要更多地考虑空间中使用者的心理影响，因为人在空间中产生的舒适性及参与性的感受，是评价一个空间的重要指标。色彩在空间中的作用不仅能够改变人对于空间视觉产生的冷热、大小等物理效应，而且使人产生兴奋、压抑等的心理情感因素。色彩还具有使空间呈现出华丽、极简、现代等象征意义。因此，色彩是一门复杂而综合的学问，需要我们在更多的实践中获取经验，以此不断创造出更人性化的空间。

图2-26 色彩营造空间氛围2
黄色灯光映射下的石墙面使得整个空间不再那么冰冷。

思考与延伸

1. 如何理解色彩调节空间的功能？
2. 色彩通过哪几种方式来调节室内环境？
3. 简述色彩是如何丰富室内空间装饰效果的。

第 3 章　室内色彩设计影响要素

空间的使用性质、照明、陈设、材质都是室内色彩设计的影响要素。在同一空间中，运用不同的色彩或者不同的光照都会给人不同的心理感受和视觉效果。同样一种色彩，不同材料的质感和触感也可以给使用者带来不同的环境体验。设计师需要掌握的是不同空间、照明、陈设、材质与色彩之间的相互关系，运用各要素间的组合变化，来营造多样的、创意的、和谐的室内环境，使得室内空间的视觉氛围能够提升人们的审美情趣。

3.1　空间与色彩

3.1.1 空间功能与色彩的关系

室内色彩是依托空间存在的。室内空间中的色彩设计首先应注意空间的类型和功能要求，不同类型空间对于色彩的运用也不尽相同，色彩对于塑造不同性质空间的视觉感受至关重要（见图3-1）。例如幼儿教育空间，由于功能的特殊性，对于色彩的设计要求也具有特殊性，多要求空间视觉效果丰富饱满，增强空间的表现力，多彩、活泼、跳跃、温暖、健康的色彩搭配使用较多，以此来丰富儿童的想象力和创造力（见图3-2）。由多种功能空间组成的居住空间，对于色彩的选择会因不同空间的使用性质而有所差异，如就餐空间的色彩与卧室空间的色彩就有所区别。当色彩作用于空间功能时，有利于塑造不同功能空间的环境氛围。

前面提到色彩具有象征意义，即色彩具有语言性，如红色是热情、火热、活力的代表，具有很强的视觉冲击力。餐饮，室内运动等空间运用红色可以调动使用者的心情，提高积极性，增加食欲等，从而更好地辅助室内的使用功能（见图3-3）。但是红色还可以表达其他的意义和信息，红色与人体血液、火焰的颜色相同，所以红色也经常作为警告、警示、危险信号的代表色。例如在室内的消防设施一般都采用红色涂料，一些警示图表也经常使用红色，以此来强调其作用和功能（见图3-4）。

因此，色彩与功能空间不是单一的对应关系，而是在确定空间功能的前提下，运用色彩刺激使用者的生理反应从而强化空间功能。室内设计的最终目的是使生活在其中的人能够在物质和精神上得到享受。

图3-1　色彩在室内空间中具有一定的功能作用

图3-2　儿童空间色彩设计

3.1.2 空间尺度与色彩的关系

前面的章节介绍了色彩的几种特征，包括色彩的大小、色彩的强弱、色彩的软硬等，这些都是色彩作用于空间中所产生一些特征，都与空间有着或多或少的联系。

色彩与空间的组合有时会产生视错觉。科学表明，最容易产生距离感视错觉的颜色是蓝色，而红色则相反，同样大小的两个房间蓝色背景墙和红色背景墙所给人带来的空间尺度感是不一样的。在实际的室内设计中，由于受到现场条件的影响，在无法改变现有空间尺度的情况下，可以利用该特征来调节室内空间的尺度关系。在一处室内空间中选用蓝色吊顶会使房间层高看起来更高，而使用红色吊顶的房间则会在视觉上压缩空间的高度（见图3-5）。

同样，色彩也会对空间范围造成影响。当两个对比色或色差较大的色彩作用于一个空间中时，就会起到划分空间的作用，这种分割不是实质性的分割，但却在人的视觉感受和心理作用上已经形成了两个空间（见图3-6、图3-7）。这类特征适用于一些较大的、需要软性分割功能的空间中，如很多大型购物场所，即通过色彩的不同来划分区域，既可以引导顾客选购自己需要的商品，又不会影响整个空间的交通流畅度。相反，对于面积较小的商铺，最好选用同类色或单色进行装饰，避免使用过多色系，以强调空间的连续性。

图3-3　餐厅搭配红色可增加顾客食欲，调动情绪

图3-4　警示牌和室内消防器材多会使用红色作为提示色

图3-5 蓝色天花板与红色天花板对视觉的影响

图3-6 色彩分割空间，还具有引导作用

图3-7 色彩分割空间

色彩与空间的组合会产生诸多的视觉特征，以下几点都是色彩作用于空间时最为常见的视觉特征。

①视觉放大效果。明度、纯度较高的色彩可以增强视觉的通透感，起到视觉放大的作用，常见颜色包括白色、黄色、青绿色、橙色等（见图3-8）。

②视觉缩小效果。明度较低且纯度较低的颜色会产生视觉缩小的效果，如黑色、深灰色、深褐色、深蓝色等作用于面积较小的室内空间陈设物时，从视觉上缩小物体的尺度，从而增大空间的面积（见图3-9）。

③强化细节。通过色彩强弱的对比组合可以制造视觉焦点，而空间中所需要强调的细节和特点可以通过此类方式强化（见图3-10）。

④增加空间的层次感。利用不同色彩的位置关系可以增加空间的层次感，如室内空间中背景墙与前景墙色彩的变化以及不同家具色彩的搭配，都会使室内空间的层次更为丰富（见图3-11）。

图3-8　色彩具有视觉放大效果

图3-9　色彩具有视觉缩小效果

图3-10　色彩可以强化细节，制造视觉焦点

图3-11　色彩可以增加空间的层次感

⑤调节空间冷暖。色彩分冷暖色，空间中的色彩也会给人造成冷暖不同的心理感受，橙色、红色、黄色等可以制造暖色调空间，而蓝色、青色等则会营造冷色调空间，冷暖空间可根据空间需求进行合理搭配（见图3-12）。

⑥强化空间衔接。通过色彩的组合可以将不同空间在视觉上进行强化衔接。例如同一室内的两个相邻空间采用相同色系以及选用颜色呼应的陈设物，从视觉上会强化两个空间的衔接（见图3-13）。

⑦创造与划分空间。空间也可以通过色彩进行划分。不同色彩的组合可以将一个大空间划分为不同的小空间（见图3-14）。

以上特征都是色彩作用于空间时所产生的，只要熟练地掌握和应用，色彩的诸多特性就可以为我们塑造出更加具有魅力的空间环境。

图3-13　色彩的组合可以强化空间衔接

图3-12　色彩可以调节空间冷暖

图3-14　色彩可以创造与划分空间

3.2　照明与色彩

从色彩的基础知识中我们知道色彩的产生来源于光照，两者相互依存，在现代室内设计中如何运用好色彩与光照的作用至关重要。光色结合已经成为现代室内设计中一个必不可少的考量因素。

3.2.1 光线与色彩的关系

色彩的产生是可见光波反射到物体并刺激视神经所产生的一种现象。人们之所以能看到色彩，很大程度上也是光线的作用。在室内环境中，光线不仅仅有照明的作用，而且是室内设计中一个重要的美学因素。光照不仅可以使人们看到物体、色彩、空间，更是美化环境的必要条件之一。为什么光照可以在一瞬间影响舞台气氛，例如红光可以在冬天给人温暖的感受？为什么室内的灯光大部分是白色？为什么有的灯光照射距离很远，而有的灯光照射距离很近？这都是因为我们控制着灯光，即利用光照的不同照明方式、角度、位置以及灯具的造型变化（见图3-15、图3-16）。不同强度的光照与色彩结合，能达到不一样的视觉空间效果。光创造色彩，色彩影响人的情绪，因而光照亦可以调节人的心情。但同时，光照也需要色彩，没有色彩，灯光会变得单调乏味，失去可塑性。所以说光与色彩是相互依存的关系。光照在室内空间中的作用有以下几个方面：一是满足室内基本照明需求；二是表现室内空间界面及陈设物的色彩；三是根据环境要求营造独特的空间色彩氛围。

图3-15　灯光色彩可以用于制造舞台氛围

图3-16　舞台灯光与色彩搭配可以制造冷暖效果

3.2.2 室内光源

室内环境中的照明光源有两种：自然光照明与人造光照明（见图3-17、图3-18）。自然采光主要指的是太阳光，太阳光是由红、橙、黄、绿、蓝、靛、紫七种色光混合而成的。自然光本身具有一定的色彩倾向，但这种色彩倾向不是一成不变的，受不同时间、季节、环境等要素的影响，所呈现的视觉效果也不尽相同。阳光在早晨的时候偏蓝紫，在中午偏白，到傍晚又偏红。由于太阳光是一种天然漫反射光源，其本身是不受人们控制的，但我们可以通过一些技巧和设计手法，人为地改变阳光的折射和反射效果，有效地利用太阳光，营造一个兼具美感与功能的室内空间（见图3-19~图3-21）。例如在室内设计时为了避免阳光的直射，可以采用遮掩百叶、纱帘一类的物体进行缓冲，当然也可以采用吸光吸热的材料和色彩搭配来达到减少阳光直射的效果（见图3-22）。而在室内空间本身光线不足的情况下，可以尽量采用反射较强的材质，颜色多选用浅色系，以此增加阳光在室内的反射，从而增加室内空间的自然光照。

图3-17　自然光照明

图3-18　人造光照明

图3-19　通过设计手段改变阳光的照射面积，更适合用于室内照明

图3-20　通过一些艺术手法的设计可以利用阳光创造室内光影的视觉美感1

图3-21 通过一些艺术手法的设计可以利用阳光创造室内光影的视觉美感2

除了自然照明之外，人造照明也是塑造空间色彩效果的重要手段，人造照明从功能上是对室内照明的补充，但更重要的是灯光与色彩的结合在室内空间中的运用，不仅能够营造特定的环境氛围，更可以使室内空间产生极为丰富的层次变化，带给人丰富多彩的视觉效果（见图3-23、图3-24）。室内环境的服务对象是人，所以在室内灯光设计时应考虑人的生理和心理特征，合理布置光源的点位、光照强度、光源数量以及灯光与室内色彩的搭配，避免出现光照眩晕、材质反光等影响视觉的现象。

图3-23 人造照明用于室内的照明作用

图3-22 通过遮阳帘的设计减少阳光对室内的直射效果

图3-24 人造灯光可以用于营造空间气氛

3.2.3 室内光照与色彩的运用

一天中每一个时段，室内环境的颜色看起来都不一样，如房间地面的木质地板，白天所呈现的颜色与晚上看起来完全不同。我们“看”色彩的方式主要取决于两件事情。

①物体吸收的光。比如：黑色吸收所有颜色，白色不吸收任何颜色，蓝色吸收红色，由此可知，不同颜色对于光线的吸收程度也有所差异。

②光源如何工作。自然光线（阳光）会全天变化，并受到房间位置的影响。人造光线则随着室内光源类型的不同而产生变化。

因此，在室内环境设计中应熟练掌握色彩在不同环境下的光照变化规律和基本特性。比如卫生间材质选择深红色瓷砖贴面的时候选择白炽灯作为照明，会显得人的皮肤健康滋润，富有光泽；而蓝色贴面的瓷砖搭配白炽灯，则会使人的皮肤显得暗淡无光、略显疲态。在咖啡厅等休闲场所灯光的设计更讲究点位的布置。为了营造安静舒适且具有一定私密性的环境氛围，一般采用重点照明配合较深的颜色搭配，在保证有一定的照明功能的同时不影响室内空间的使用，又可以营造休闲舒适的氛围（见图3-25）。

同样，光线和色彩的组合可以塑造视觉焦点，调节空间节奏。在室内环境设计中，灯光的多少不能代表室内照明质量的好坏。太阳光过量投射到室内且毫无遮挡没有任何光影变化、人造光线漫无目的地散射到室内空间，都会让室内环境变得明亮但却没有任何表现力与艺术性，使得室内色彩也变得苍白无力、缺乏节奏与张力，同时使得室内空间缺乏纵深感和立体感。而一束有目的的重点照明灯光（点光源或线光源）则对表现室内环境的色彩张力、空间结构和材料质感非常有效（见图3-26~图3-28）。合理地运用重点照明、间接照明可以充分地发挥色彩设计在室内环境中的作用，塑造室内环境的视觉焦点和色彩张力，凸显室内色彩风格与艺术表现力（见图3-29、图3-30）。

由此可见，照明对室内色彩设计的表达有着显著的作用，光与色的组合不仅完善了室内环境的空间形体，色彩感染力也使得室内空间更具审美意义。

图3-25　灯光在咖啡厅等空间的使用

图3-26　人造灯光设计
一束简单的射灯，运用得当也可以营造艺术效果，制造视觉焦点。

图3-27 室内灯光可以强化空间结构

图3-28 室内灯光可以丰富空间层次

图3-29 色彩与灯光结合1
灯光与色彩的组合也可以创造很多独特的风格与艺术表现力。

图3-30 色彩与灯光结合2
室内灯光色彩可以营造空间感染力，吸引使用者。

3.3　陈设与色彩

陈设是室内空间中人们重点观察的对象之一，无论是家居空间还是公共室内空间，都能看见陈设的踪影。室内陈设与人的各种活动关系最为紧密，是室内空间中重要的组成部分（见图3-31）。而各类陈设的色彩往往成为室内色彩设计中的关键要素，对室内空间产生相当大的影响。不同的室内空间会有不同功能类型的陈设，空间的使用性质决定了陈设的类型与风格，以及其色彩的设计倾向（见图3-32）。陈设的色彩印象可以根据空间色彩来决定，当然，室内空间的整体色调也可以根据所使用的陈设的色彩倾向来设计，这两者的关系是相对存在的。在家居设计中为了达到舒适的视觉效果，陈设色彩的选择应更为柔和，适合人近距离的视觉体验（见图3-33）。由于娱乐场所包含丰富多样的实用功能，因此在陈设色彩的选择上也更加丰富，个性独特，更加灵活多变（见图3-34、图3-35）。陈设配合各类不同的娱乐空间，呈现出或绚丽、或统一、或私密、或沉稳的色彩倾向。而办公空间的陈设往往比较简洁实用，因此在色彩选择上更加注重实用性和功能性，与空间界面色彩既可以分割清晰又可以共同协调环境氛围，办公室的陈设一般会选用黑、白、灰色调，或浅蓝色等中性色。

图3-31　室内空间中的各类陈设

图3-32　陈设与室内空间的色调相互影响

图3-33　住宅空间的陈设色彩选择更加柔和

图3-34 会所的陈设色彩选择

室内陈设的种类很多，家具、室内织物、装饰品等都属于室内陈设的范畴。要理解室内陈设与色彩的关系就必须了解什么是室内陈设设计。室内陈设设计是室内设计中的一个重要环节，它需要根据室内的空间结构、功能定位、审美情趣以及个性化需求等因素进行设计。作为室内设计中的陈设设计，引人关注的不仅仅是陈设的外观造型和材质工艺，更为重要的是它极为丰富的色彩。陈设的色彩不仅仅是单个物体的固有色彩，更是扮演着协调室内色彩关系的角色，因此，需考虑陈设自身关系的协调以及与空间色彩关系的协调。通过陈设设计、布置、陈列、展示等手法在满足实用功能的同时更可以为室内空间增添艺术性与审美情趣。

3.3.1 室内家具的色彩

家具是室内陈设中最为常见也是比重最大的一类，尤其是在住宅室内中，家具占据了较大体积和位置。家具包含造型、材质、色彩等多种元素，但无论是什么样的造型或材质，色彩都是影响家具设计意境的重要因素。虽然家具色彩只是空间色彩中的一部分，却可以影响空间环境的整体氛围（见图3-36）。因此，选择家具色彩时，必须和室内环境统一考虑。

图3-35 酒吧的陈设色彩选择

图3-36 室内家具是生活中使用最为广泛的陈设

在住宅室内中，若是较小的居住空间，那么家具色彩应选择与墙面颜色统一的色系为宜，使家具的色彩与整个界面的色彩形成一个统一的整体，共同作为室内空间的背景色，使整体环境统一协调又起到了扩大空间环境的视觉效果（见图3-37）。若是较大的住宅空间，那么家具色彩在空间中的比重相对较小，为了缓解空间的空旷感，并且营造室内空间的视觉重心，家具色彩应与室内界面形成对比色，使家具色彩成为空间的主体色和视觉重心，也可以增加和丰富室内的空间色彩层次（见图3-38）。

图3-37 小型公寓中家具色彩的选择则应与墙面的颜色统一色系为宜

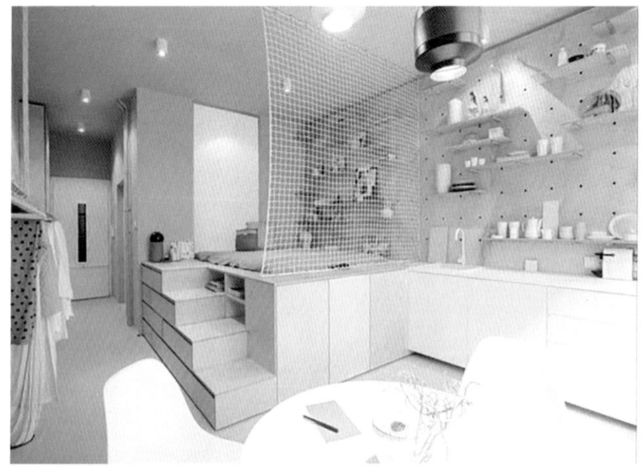

图3-38 居住空间家具色彩
在空间较大的居住空间中，家具可以选择对比强烈色，缓解空间的空旷感。

在办公或教育类室内空间中，家具多为桌、椅、柜一类，造型较为简洁大方，多以使用性功能为主，色彩也多选择中性色，以冷、暖灰色调为主，从而营造出安静、平和、舒适的工作学习环境（见图3-39）。当然根据功能细化，家具色彩也有所变化。青少年的教育空间中，家具色彩往往纯度较高且色彩丰富，营造生动活泼的环境氛围，而较为正式的场所也会选用深色系作为家具配色，强调空间的庄重、沉稳（见图3-40~图3-42）。

总之，室内家具的不同色彩能够对空间的色彩氛围起到一定的调节作用，且家具及其色彩的选择要符合人的使用功能和审美功能，应与其他装饰物及空间整体色彩环境相协调。

图3-39 办公空间中家具色彩的运用

图3-40 青少年教育空间中家具的色彩1

图3-41 青少年教育空间中家具的色彩2

图3-42 深色系家具可以表现空间稳重、正式的感觉

3.3.2 室内织物的色彩

除了家具、空间界面的色彩会对室内环境产生影响外，织物的色彩也对环境起着至关重要的作用。室内环境中或多或少都会运用织物搭配，它对空间色彩具有调节作用，有些空间织物面积覆盖大，能对整个空间的色彩氛围起着决定性的作用。因此，在织物的搭配及其色彩选择上应考虑与空间总体风格相统一（见图3-43）。

在室内空间中，织物的种类和使用范围也非常广泛，如窗帘、地毯、床上用品、家具上的覆盖物等（见图3-44、图3-45）。它们在室内空间中非常常见，具有明确的功能性，并且织物的色彩都较为丰富，也具有一定的装饰效果，可以为室内空间色彩设计提供更多的选择。由于织物特殊的材质属性，在室内空间使用时，虽然没有其他陈设的色彩原色那么直接明显，却能够运用其柔软质地的特征来缓和室内空间中棱角分明的生硬感（见图3-46）。室内空间中的色彩都是依附于各个物体与材质之上的，因此，颜色比较暗淡的织物色彩，反而可以很好地融入和谐的室内环境中。

图3-43 织物也是室内空间陈设的重要组成部分

图3-44 室内织物——地毯
图3-45 床上用品大部分都是由纺织品构成

图3-46　织物的柔软质地可以缓和室内空间中棱角分明的生硬感

图3-47　窗帘的色彩一般与室内整体色调相呼应

由于织物在室内空间中的功能不同，导致其色彩也会产生各种变化。以窗帘为例，其色彩的选择受到室内的功能要求和其他陈设以及照明条件等多种因素的影响。窗帘的色彩一般与墙面的色彩相呼应，明度、纯度、色调关系上可以选择互补或对比色，与室内整体环境协调一致（见图3-47、图3-48）。当然窗帘颜色的选择也应随着场所性质的变化而产生较大的变化。在一些公共空间，窗帘的使用率也很高，除了款式和造型上有一定规范外，一般选用明度较高、颜色较浅的色彩，例如在办公室、图书馆、展览厅等公共空间，亮色系的窗帘既可以避免阳光直射，又可以提高空间光照亮度，并且获得视觉上的宽敞感，同时能够带给人一种积极健康、乐观阳光的心理感受（见图3-49）。而在餐厅、酒吧以及KTV等娱乐场所，窗帘色彩则多选用对比强烈且色彩艳丽、颜色较重的色彩，在满足遮光功能的同时又可以迎合浓烈、欢快的环境需求（见图3-50）。窗帘色彩的影响因素还包括地域文化差异、个人喜好等。

图3-48 窗帘的色彩搭配可以与墙面、家具等相呼应

3.3.3 室内装饰品的色彩

室内装饰品主要指的是放置或悬挂在室内空间中的装饰挂件，以及体量较大的雕塑品和其他装饰构件等，它们的主要功能是装饰和美化室内环境。在室内空间中恰当地使用装饰品可以起到画龙点睛的作用（见图3-51）。室内装饰物需要考虑其色彩、造型、陈列位置等方面。尽管装饰品的色彩在室内空间中所占的比重较小，但其所发挥的作用是不能忽视的。装饰品在空间中具有独特的功能特征，其材质面料、尺寸大小以及摆放位置等因素都会影响到其在室内空间中的色彩选择（见图3-52~图3-54）。装饰品的色彩在美化室内环境的同时，也是传达空间情感的媒介，设计者通过对装饰品色彩的选择以及布置，让人们更好地理解其设计意图和所要营造的环境氛围。

由于装饰品体积一般较小，且装饰效果明显，人们往往会忽视其设计意义，误认为多就是好，或者高贵华丽的装饰品更具有美化效果等，为此在室内装饰品设计中应注意以下三点：①装饰品的色彩必须与整体室内环境和谐统一；②装饰品应当注重色彩的丰富变化；③装饰品应注重个性化特点，且可以传达空间情感（见图3-55）。

图3-49 图书馆空间一般搭配亮色系窗帘

图3-50 彩色鲜艳的窗帘在娱乐休闲场所使用率很高

图3-51　室内装饰品的色彩形态丰富多样

图3-53　绿色植物也是室内装饰品中最为常见的一类

图3-52　雕塑在公共空间中的使用

图3-54　室内装饰品的色彩与空间其他色彩有呼应关系

图3-55 室内装饰品的色彩搭配应与整体室内氛围相统一

图3-56 种类丰富的室内材质

3.4 材质与色彩

室内环境是一个有机的整体，不仅需要与光照密切配合，同时也要与室内环境中的各种材料质感相协调。室内的墙面、地面、天花板以及各种陈设都被赋予了各种各样的材质，每种材质的属性各异，同样的色彩在不同材质物体上所呈现的质感也各不相同，带给人不一样的视觉感受（见图3-56）。洁白光滑的大理石饰面给人以神圣、典雅、清新脱俗的感受（见图3-57、图3-58）；原木饰面则给人以自然、温暖、亲切的感受（见图3-59、图3-60）；凿毛混凝土墙凹凸不平的表面给人原始、自然的视觉感受（见图3-61）；透明的玻璃材质给人以通透、开放、现代感的效果（见图3-62、图3-63）；大量金属饰面的装饰会让人感觉冰冷、棱角分明、缺乏人情味（见图3-64、图3-65）。由于不同材料都有自己的物理属性，而这些物理属性会影响室内色彩的变化和整体的色彩效果，从而使室内有冷暖的色彩倾向，使色彩加深或变浅，或沉稳或飘忽不定。从光的反射程度来看，不同材质对光的反射差异很大，对色彩的吸收能力也各不相同，因此相同颜色、不同材质的物体，在反射的作用下所呈现的色彩特征也大不相同。玻璃、瓷器、金属等表面光滑的材料，反射能力强，会使其固有色偏浅，光线和视角的变化会使颜色产生较大差异，变化丰富（见图3-66）。相反，石膏、混凝土、织物等材质，吸光能力强，不易产生大量反射，因此颜色会相对偏深，而且比较稳定，光线和角度的变化对其固有色造成的影响有限（见图3-67）。

图3-57 白色大理石作为背景墙

图3-58 白色大理石作为操作台界面效果

图3-59 室内空间中的原木色隔断与地板

图3-60 室内原木色家具

图3-61 室内混凝土材质墙面效果

图3-62 室内玻璃材质的运用

图3-63 玻璃可以分割室内空间

图3-64 苹果专卖店中金属铝板的使用

图3-65 服装专卖店中金属板的使用会营造独特的个性

材质不同色彩就具有不同的特征，例如金属可以使色彩变冷或变硬。同样，色彩也会影响材质，同一种材料作用于不同色彩，也会有不一样的效果。比如，米黄色木饰面给人的视觉感受比较自然、清新、柔和、富有亲和力，而深褐色的木饰面则显得沉稳、凝重，给人以硬朗的感受；古铜色拉丝金属饰面给人以高贵典雅的古典主义气息的视觉感受，银白色的拉丝金属饰面则显得更具有现代感与科技感（见图3-68、图3-69）。

在当代室内设计中，虽然色彩已经可以与材料分开独立使用，但色彩始终是附着于某种材料之上的。当人们进入一个室内空间中，会最先被色彩所吸引，随后会将注意力转移至空间形态和材料质感。材料质感给人的感受是相当丰富的，不仅可以通过视觉观察，也会引起人的触摸欲，产生触觉反应，所以材料的表面质感也会对人的心理产生影响。这是由于人体自身不同感官的一种自觉的互补关系所形成的。同样，色彩与材质也会引起嗅觉与听觉的感受。室内色彩与材质的结合与变化，影响着人们的各种感官体验，使得不同色彩与同一材质的组合能营造不同的空间氛围（见图3-70~图3-73）。

人们在一个空间中能够长时间与不同色彩、材质的界面、陈设近距离接触，不仅可以观察到细纹的颜色和纹理的变化，也可以伸手触碰感知材质的特征。室内色彩不仅需要带给人眼前一亮的第一印象，更需要经得起长时间的观察和体验，所以说色彩与材质的组合运用对于室内设计具有非常重要的意义。

图3-66　金属材质的强反射属性会影响室内色彩的变化

图3-67　粉刷涂料反射性弱，本身色彩比较稳定

图3-68 原木色木饰面经常用于住宅室内空间

图3-69 古铜色金属材质在室内空间中的运用

图3-70 颗粒感较强的金属材质
图3-71 表面平滑的金属材质

图3-72 布艺材质触感较为舒适温和
图3-73 大理石材质触感光滑且冰冷

思考与延伸

1. 简要叙述室内色彩的影响要素。
2. 室内空间中的色彩运用应注意哪些方面？
3. 举例说明室内色彩设计中光线的作用及其运用。
4. 归纳室内陈设的分类及色彩特征。

第 4 章　色彩在室内空间中的运用

本章主要分析居住建筑和公共建筑的室内色彩运用。居住建筑由不同功能空间组成，如起居室、书房、餐厅、卫生间以及卧室等。公共建筑包括商业、办公、医疗康复、文化教育建筑等，每一种功能的建筑类型都由不同的功能空间组成，而不同功能空间都涉及色彩设计，它们既有普遍的要求，也要有针对性的考虑。设计师在室内色彩设计过程中，要将单体空间与整体环境进行统一考虑并加以运用。

4.1　办公空间色彩设计

4.1.1 办公空间设计

办公空间的设计需要考虑到使用者的物理和心理需求，受多种因素的影响，其中包括功能布局、使用习惯、企业文化、排布方式等诸多因素。办公空间室内设计的最大目标就是要为使用者提供一个舒适、便捷、整洁、安全、高效的工作环境，以便最大限度地提高人们的工作效率（见图4–1）。

4.1.2 办公空间色彩设计的重要性

随着人们物质生活水平的提高和设计水平的进步，办公空间也不仅仅是一个为人们提供工作场所的地点，如今的办公空间已经逐渐发展成为复合型的功能空间，被赋予更多的功能和价值，人们开始更多地关注办公空间的环境氛围、设计风格、场所精神等感性因素。色彩作为室内空间视觉情感表达的重要组成部分，也越来越受到设计师的青睐。

相关研究表明，色彩可以直接影响人的心理，可以影响人的情绪和制造空间氛围，甚至可以用来传达意义。

根据多感官设计，我们周围的一切都是一种刺激，颜色也是如此。颜色对人的生产生活的影响远远超出我们的意识。色彩心理学家表示，“当来自太阳的光子撞击有色物体时，该物体仅吸收与其自身原子结构相匹配的波长，并反射其余部分，这就是我们所看到的。因此，不同的波长以不同的方式触及眼睛。在视网膜中，它们被转换成电脉冲，传递到大脑中的下丘脑，而下丘脑控制着我们的内分泌系统和激素，以及我们的大部分活动。”基于这种解释，颜色对人的身心会产生深远的影响。办公空间是人日常生活中最常使用的空间之一，很多人一天中大部分的时间都是在办公空间中度过的，它与人的生产生活有着密不可分的关系，所以说办公空间的色彩设计也变得非常重要和不可或缺。

图4–1　办公空间

4.1.3 色彩对办公空间的影响

色彩对于室内设计有着诸多方面的影响，通过色彩设计，可以改变室内空间的环境氛围、空间结构，还会给人的心理和身体机能造成不同程度的影响。色彩的属性同样适用于办公空间，不论是家庭办公还是公共办公场所，色彩都会对使用者的工作效率和情绪造成影响。

根据国外某项研究调查显示，80%的英国工人认为颜色会影响他们的工作感受。大部分人一天中会有很大一部分时间在办公室中度过，因此通过色彩让办公场所成为丰富多彩、便捷舒适的空间也变得越来越重要。

以下是色彩对于办公空间的主要影响。

①色彩会影响使用者的情绪。美国得克萨斯大学的一项研究发现，中性色中的各类灰色以及米白色等色彩会让人产生悲伤和沮丧的负面情绪，尤其对于女性而言。

②色彩会影响使用者的大脑思维以及判断力。实验研究发现，考试前长时间观察红色会影响考试成绩。实验中随机抽取了71名学生，考试前分别被分配到红色、绿色、黑色的候考室中等候，其中在红色候考室的学生比在其他两个候考室中的学生考试成绩低20%以上。

③色彩同样会影响生产力、创造力和沟通能力等方面。

4.1.4 办公空间的色彩运用

近年来，室内设计师意识到某些色彩可以促进工作场所的积极情绪、生产力甚至身体健康。然而，这并不意味着通过简单地涂上一层油漆或者布置彩色的家具就可以达到这些目标。设计师需要了解并理解其他元素（如灯光、纹理、家具以及公司文化）之间的组合关系。关键是找到合适的平衡点，创造一个舒适的空间，员工可以高效地工作，也可以在他们喜欢的地方工作（见图4-2）。

常见色彩在办公空间中的运用见表4-1。

表4-1 常见色彩在办公空间中的运用

颜色	运用
蓝色	蓝色是一种常用的工作场所颜色，可以对生产力产生积极影响，并且经常用于开放式工作空间（见图 4-3）
黄色	黄色被视为一种乐观的色彩，可以激发更高水平的创造力，可以在很多创意工作空间中使用，特别是需要协同工作或设计类的工作空间（见图 4-4）
红色	红色可以提高效率，但不应该在广阔的空间使用，更常见于休息空间和较小的会议室（见图 4-5）
绿色	绿色可以产生镇静效果，因为它对眼睛不太刺激，可以减轻疲劳（见图 4-6）
白色	白色可以使某些空间看起来更大但并不意味着一切都需要是白色和无菌的，需谨慎使用，大面积的白色通常会导致员工的工作效率降低（见图 4-7）

图4-2 办公空间中包含了丰富的室内设计元素

图4-3 蓝色调办公空间

人类作为相对独立的个体，当然在颜色的认知上也不尽相同，有不同的色彩喜好和受视觉刺激影响的不同方式，因此，办公空间色彩设计也需要寻找一个平衡点。很多关于色彩的研究观点，彼此之间也会出现矛盾的地方，比如说很多人认为红色是不错的选择，可以提高效率，但也有观点认为红色是一个糟糕的选择，会让人更为紧张甚至使血压升高，这些都是个性化差异导致的色彩认知的不同。

在办公空间中不仅要注重界面颜色的选择，还要注意协调办公室家具、天花板、装饰物等色彩的搭配，以及与地板、地毯等自然表面纹理相结合。通过多种色彩以及材质灯光物体的搭配来调节办公空间的色彩平衡，以适用于多数人的使用需求。

图4-6　绿色调办公空间

图4-4　黄色调办公空间

图4-5　红色调办公空间

图4-7　白色调办公空间

以下是办公空间中不同区域色彩设计特点。

（1）办公室空间

公司办公室，尤其是律师、银行家和会计师等较为严肃的职业，通常选择自然的中性色调。在这些环境中，通常会看到米色或奶油色的墙面颜色，并辅以木质饰面，为办公室营造一种正式的、精致的氛围（见图4-8、图4-9）。

图4-8 办公室色彩搭配1

图4-9 办公室色彩搭配2

在一般公司的办公室内，较常用蓝色为主色调，蓝色代表诚实、智慧和自信。当然，绿色也是常用的色彩，绿色代表了财富、安全和声望。这两种颜色都是公司办公室较理想的选择。深蓝色、深绿色等色彩为公司员工或客户传达了力量和信心的心理感受。

（2）接待区

接待区应该让人体验到宾至如归的感觉，色彩的选择会影响人的这种印象。柔和的橙色和黄色色调可以营造出愉悦、快乐和温馨的氛围；而在一些需要安静氛围的办公接待区适宜选用蓝色或者绿色，其可以使空间具有一定的镇静效果（见图4-10~图4-12）。

图4-10 办公接待区的色彩选择1（黄色与木色搭配）

图4-11 办公接待区的色彩选择2（黄色与白色搭配）

图4-12 办公接待区的色彩选择3（蓝色与白色搭配）

（3）公共办公空间

公共办公空间的色彩选择与接待区有所不同。在主要工作空间中，可以选择能够提高生产率和充满活力的颜色，如红色和黄色，但需要注意色彩运用的面积，过量的红色会形成紧张、激烈的氛围。为了避免过于强烈的刺激对人产生的亢奋效果，可选择适量的蓝色和绿色加以调和（见图4-13、图4-14）。

（4）会议室

青绿色和黄色是会议室或演讲室较理想的色彩选择。青绿色是平静的代表色，可以缓解公开演讲或进行演示者的紧张情绪。在空间视觉中心周围添加一些黄色，例如在显示屏的周围或者背景墙面上，有助于提高会话效率（见图4-15~图4-17）。

图4-13　公共办公区的色彩搭配（蓝色、灰色、木色）

图4-14　温馨舒适的原木色也是接待休息区常用的色彩主色调

图4-15　黄色作为点缀色的会议室空间

图4-16　木色与黑色搭配的会议室给人以沉稳舒适的感受

图4-17　青绿色与白色为主色调，搭配黄色作为点缀色的会议室

图4-18 办公空间色彩的使用越来越丰富多样

4.1.5 使用色彩来定义办公空间

随着社会的发展和进步，办公场所的形式也越来越丰富，现在人们越来越多地离开办公桌。在定义工作场所内的某些空间并巧妙地表达这些空间的设计时，色彩已经可以发挥更大的作用。协作和便捷的工作空间通常利用更明亮、更鲜艳的色彩来注入能量和创造力，而旨在促进集中工作的区域则会选择更加柔和的色调，如蓝色或者紫色等（见图4-18、图4-19）。

现代化的工作场所为人们提供了丰富的选择和灵活性，包括他们的工作方式和工作地点，并且越来越多的工作空间开始使用色彩这一特性来分割办公空间。随着办公室色彩设计的不断发展，商业和住宅环境之间的界限越来越模糊，很多在家居环境中使用的色彩也逐渐被应用到办公场所中，色彩缤纷、充满活力的办公空间也越来越受到人们的喜爱（见图4-20~图4-22）。

图4-19 小型办公讨论空间的色彩搭配

图4-21 办公娱乐环境中选择对比较强的色彩可以活跃气氛，保持积极的状态

图4-20 办公空间中不同色彩的搭配也可以起到指示作用

图4-22 办公环境中陈设家具的色彩搭配

4.2　教育空间色彩设计

4.2.1 教育空间的色彩及其影响

多年来，人们对教育空间的色彩进行了许多研究，大部分人都认为色彩是教育空间环境中的一个重要因素，并可以直接影响学生的学习效率。许多研究表明，色彩可以对学习产生积极和消极的影响，因此，应该仔细考虑教室的墙壁、椅子、地板和其他表面上的色彩选择（见图4-23、图4-24）。教育空间中的色彩是为学生提供积极创造性的第一环境，因此，为了在室内环境中创造积极的色彩互动，设计师就必须学会观察房间色彩的作用和情绪反应，从餐厅到教室，从走廊到图书馆，以及其他室内的色彩，从中选择最佳的配色方案，其往往是由一系列色系组成（见图4-25）。例如，柔和的草绿色与橙色的搭配在吸引眼球的同时，也不会造成视觉疲劳。单调的配色方案往往不适合儿童，因为缺乏色彩不利于儿童感官发育。以自然为基础的原木色营造出平静和宁静的氛围，使这些空间更有利于学习（见图4-26、图4-27）。

图4-23　现代文化教育空间用色更为丰富，图为某图书馆公共空间色彩搭配

图4-24　室内色彩对师生也会造成影响，图为以紫色调为主的教室空间

图4-25　教育空间色彩的选择根据功能与使用者年龄等因素决定

图4-26　以原木色搭配绿色的自然色系适合在图书馆类的教育空间中使用

图4-27 室内色彩搭配

4.2.2 不同年龄段的色彩选择

从功能的角度而不是美学的角度来看，适当的色彩设计可以防止眼睛疲劳，提高注意力和生产力。色彩设计不合理和教学条件不佳可能会导致学生产生烦躁的情绪和注意力不集中，并加剧行为问题。除视觉人体工程学外，还必须考虑年龄组及其发育阶段，比如幼儿园学生处理信息的方式与六年级学生的处理方式就截然不同（见图4-28、图4-29）。

在教育空间中，不要过度刺激或鼓动情绪是关键，学生需要在这种学习环境中感到平静和放松。过于鲜艳的颜色，如红色、橙色和紫色都需慎重选择，而使用较平静的颜色，如柔软的绿色和蓝色效果则更好（见图4-30）。明亮的家具可以使教室氛围更为活跃，对于年龄较小的孩子，较亮的颜色实际上可以调动儿童对色彩的认知，因此可以使用更加生动的色彩（见图4-31）。许多明亮的色调可以帮助孩子进行色彩识别和色彩学习，年幼的孩子往往会被温暖、明亮的色彩所吸引。但是，很多人基于这个观点，会使用各种各样的色彩装饰，如在墙面上悬挂五颜六色的装饰物，以致于使空间环境变得视觉混乱。作为学习的室内环境，重要的是要有一个有序和有组织的空间，以减少学生的紧张和焦虑。因此，对于年龄较小的孩子来说，目标是实现色彩的平衡，这意味着需要一些适度的色彩刺激。例如增加一些暖色调的室内空间，让他们觉得这是一个温暖的环境，从而缓解紧张与焦虑感。一般来说，年龄较小的

图4-28 高年级教育空间室内色彩搭配更加统一、沉稳

图4-29 教育空间色彩设计

教育空间的色彩设计在考虑美化环境之外，更要注意对使用者头脑和心理的影响，如图所示，橙色可以在一定程度上提高使用者的学习效率。

孩子更喜欢原色，如黄色、红色和蓝色（见图4-32）。然而，如果色彩过于强烈或明亮，它会变得太刺激，导致一些孩子过度兴奋、精力充沛或焦虑。所以说，使用一些暖色系的原色更为合适。例如，可以考虑一种奶油黄色，而不是亮黄色，因为它是温暖的并且不会过度刺激。

随着孩子年龄的增长，他们对于颜色的喜爱逐渐由原色转变为对中性、明快、冷色调等色彩的偏好。因此，在高等教育室内环境设计中，对于中性的色彩较为多用，并且对原色的偏好较少。在该类室内色彩设计中可以选择淡蓝色、青绿色、紫罗兰色和绿松石色等，应采用多种颜色，以减少单调和提高心理敏锐度。暖色调往往使大空间感觉更亲密，而冷色调使较小的房间看起来更大。年龄较大的学生对原色的反应并不好，因为他们认为原色对他们来说太“年轻”了。他们更喜欢与时尚界相关的色彩，如蓝绿色或橙色，这些更流行的颜色有助于让学生感觉他们处于更新的环境中（见图4-33）。

图4-31 图书室的儿童活动区
鲜艳的色彩更适合在公共活动的区域使用。

图4-30 在需要集中注意力安静听讲的空间中更适合浅绿色和蓝色等搭配

图4-32 鲜艳的色彩更容易刺激儿童视神经，促进儿童智力发育

图4-33 对于年龄较大的使用者，教育空间色彩的选择更为柔和，原色的使用较少

图4-34 在图书馆等学习场所，蓝色可以起到镇定的作用

4.2.3 教育空间中不同区域的色彩搭配要点

教育空间中，不同功能的区域种类繁多，不同功能的区域对色彩的需求也有所不同，以下是几种常见教育功能区域的色彩搭配要点。

（1）教室空间

教室用于各种目的，但主要目的是主动学习。因此，课堂环境中的色彩应最大限度地保留信息并刺激参与。创造有利于课堂学习环境的关键是不要过度刺激学习者。过度刺激通常是由大量鲜艳的颜色引起的，特别是红色和橙色，而绿色和蓝色能够给人带来平静、放松、快乐和舒适的感觉（见图4-34、图4-35）。

在室内界面中采用平静和中性色彩的同时，家具可以选择纯度较高的色彩，以此减少空间的沉闷之感，用以增加空间活跃生动的氛围（见图4-36）。选择黄色家具，可以产生生动、活力、快乐和兴奋的感觉。少量的红色和橙色也可以引起注意并吸引学习者注意细节，这是引导学生到房间的某个部分参与活动的好方法（见图4-37）。

图4-35 绿色具有自然、平静、舒适的视觉效果，在教室空间中经常使用

图4-36 教室色彩搭配
教室的界面色彩以中性色为主，图中所示墙面与地面的色彩为白色与灰色，家具搭配绿色作为对比，起到活跃空间气氛的作用。

图4-37 少量的红色和橙色可以引起注意并吸引学习者注意细节

在教室空间中，学生年龄的差异也与其色彩的选择有着密切的联系。对于年龄较小的孩子而言，可以在墙壁和家具上使用鲜艳的颜色。色彩还可以用于帮助儿童了解房间的某些区域是如何使用的（见图4-38）。例如，蓝色椅子可以用作阅读和放松区域，而红色桌子可以是自由游戏空间。

（2）图书馆区域

图书馆在很多方面与教室相似，其空间也是多用途的，是一个扩展的学习环境，需要特别注意色彩选择（见图4-39）。

由于图书馆的不同区域适用于不同的活动，因此可以尝试使用不同的色彩搭配，并且根据色彩心理学中的色彩属性来将情绪和行为与空间的目的相匹配。以阅读区为例，作为学习环境的延伸，阅读区域旨在让学习者反思、平静和放松，在这种情况下，将平静的墙壁颜色如绿色和蓝色与家具颜色相匹配，可以最大限度地提高色彩在这个空间中的效果（见图4-40、图4-41）。

图4-38　儿童教室的色彩搭配

图4-39　现代图书馆的色彩搭配

相反，如果一个区域用于休闲和交谈，可以使用色彩来提升感官刺激。考虑使用更中性的墙面颜色，搭配纯度、明度较高的陈设物，如色彩明快的座椅以及色彩丰富的装饰画等。色彩选择可能包括深红色、橙色和黄色，或几种颜色组合的色彩（见图4-42）。

图4-40　图书馆阅读区色彩搭配

图4-41　阅读区的色彩较为统一
图中的白色与木色搭配可以营造一种安静舒适的读书环境。

（3）公共区域

与教室和图书馆不同，教育空间的公共区域，如公共休息区、门厅空间等，更加非正式，更适合于交谈、娱乐和休息。公共区域的色彩选择虽更多样化，但仍应反映该区域的目的（见图4-43）。

入口门厅是公共区域一个很重要的位置，通常是人们进入建筑物时看到的第一个空间。入口门厅的典型家具可包括长凳座位或有利于短暂学习或午间聊天的小桌子，作为学习者在学习结束前后和中途休息时的聚会场所（见图4-44）。在这些空间中可通过使用颜色大胆、充满活力的家具反映该环境的氛围。同时，门厅空间通常是将室内特色以及代表色彩或形象融入家具的理想选择，通过色彩传达场所文化。教育空间中还包括其他一些公共空间，如餐厅、卫生间等区域，其色彩搭配也必须符合空间的规律和特点（见图4-45~图4-49）。

图4-42 图书馆公共交流区的色彩搭配更为丰富

图4-43 文化教育空间中公共活动区的色彩搭配

图4-44 教育空间入口门厅的色彩搭配

图4-45 学生餐厅的色彩搭配

图4-46　在低年级学生餐厅中使用图案与色彩的组合可以增加趣味性

图4-47　原木色调为主的学生餐厅

图4-48　低年级学生卫生间的色彩与图案的组合搭配

图4-49　学校卫生间的色彩可以选用对比强烈的色调组合

（4）实验室及技术教室

因为学习活动与传统课堂的学习活动不同，实验室与技术教室的环境设计也要发生变化。墙壁和地板选用温和的中间色调有助于降低工作区和周围环境之间的对比度，也可使用重点颜色或对比色来突出车间的使用功能，例如在汽车修理车间，可以使用与车辆饰面颜色相似的金属饰面，以增强学习环境；如计算机被大量使用，眼睛疲劳和眩光是常见的问题，可使用温和沉稳的颜色来减少眩光和眼睛疲劳（见图4-50~图4-54）。

图4-50 劳技教室的色彩搭配

图4-51 手工制作室
手工制作室局部采用红色作为重点色，强调空间变化，调节室内气氛。

图4-52 实验室色彩设计1
实验室一般选用白色为主色调，营造无菌、干净整洁的空间氛围。

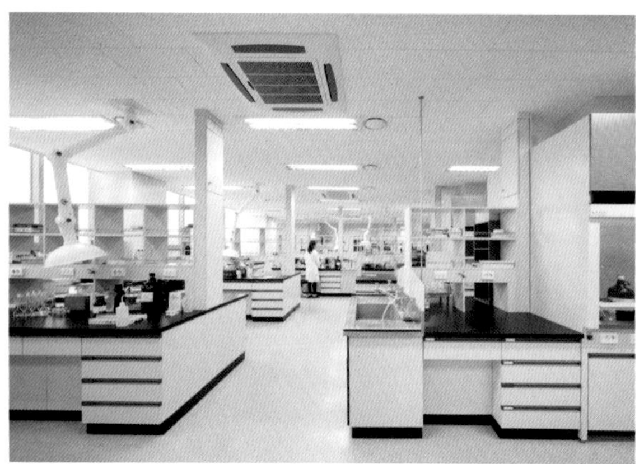

4.2.4 小结

以下根据类型学及色彩心理学对教育室内空间中常见色彩的运用进行总结。

蓝色系列色彩的运用，能够起到降低心率并使人集中注意力，可运用于在一些科学和数学课堂或一些实验室中。

绿色是平衡的自然色彩，比较适合咨询、图书馆、历史和社会研究空间。

温柔的黄色较为适合研讨交流的空间和其他创造性的教室，如美术室、舞蹈室、烹饪室、艺术空间等。

橙色和粉色系列色彩比较适合运用于运动设施、戏剧、媒体中心和自助餐厅等空间，但为避免大面积过多的纯色所引起的过度刺激，可搭配冷色调来平衡。

图4-53 实验室色彩设计2
某教学实验室以白色作为主色调，局部搭配红色与黑色作为强调色，以此来强调空间结构，增加空间色彩对比。

图4-54 某技术教室的色彩搭配
选择温和沉稳的色彩，以缓解学生长时间用眼的疲劳状态。

4.3　医疗康复空间色彩设计

医疗康复空间的主要功能是治愈病人和受伤者，而随着科学的进步，越来越多的人认为医疗康复环境的色彩会对患者的身心带来影响，并且在某些情况下会对他们的实际康复产生重大影响。色彩不仅会对患者造成影响，对医护人员也同样重要。医疗康复环境中的色彩应该不仅仅是让空间看起来更具吸引力，更重要的是使色彩设计服务于功能，最大限度地提高医护人员与患者的舒适度（见图4–55）。

研究表明，橙色可以刺激食欲，而蓝色可以抑制食欲。这一特性常常被用于精神卫生机构的餐厅环境中，以此来辅助治疗厌食症患者。然而，橙色也会刺激心理活动，因此在心理治疗室等通常会避免使用该类颜色，避免对患者的治疗造成影响（见图4–56）。

医疗康复包括许多不同功能的空间环境，如病房、员工室、候诊室、接待空间、实验室、体检中心等，这些空间的使用功能差异很大，使用者也不尽相同，所以需要设计师根据不同功能和使用人群正确选择色彩来营造空间氛围（见图4–57）。

图4–56　诊疗室色彩设计
以橙色为主色调的诊室，更适合厌食症患者，而对于其他心理问题的患者则应尽量避免。

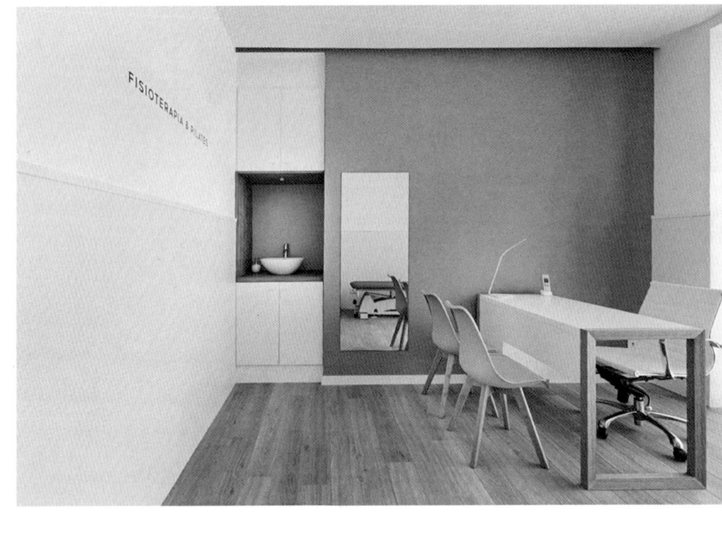

图4–57　医疗空间中的色彩和使用功能有密切关系

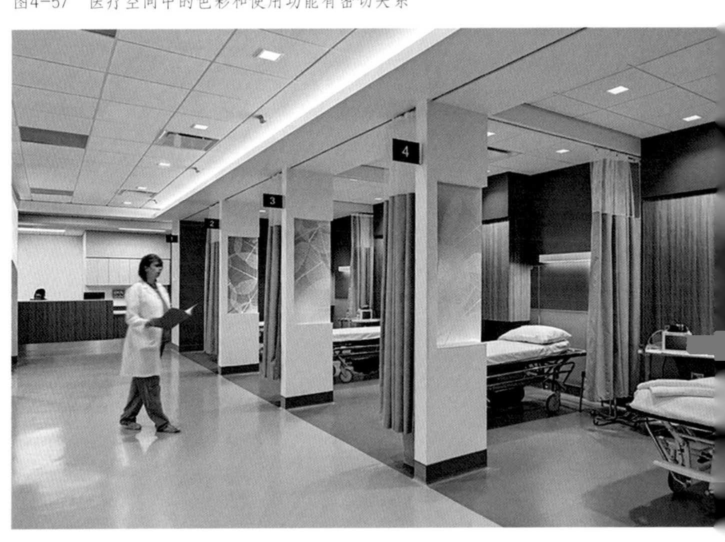

图4–55　现代医疗空间的色彩搭配

图4-58　病房色彩设计
病房中的色彩应以淡色为主，避免过多的色彩对视觉的刺激，不利于患者休息。

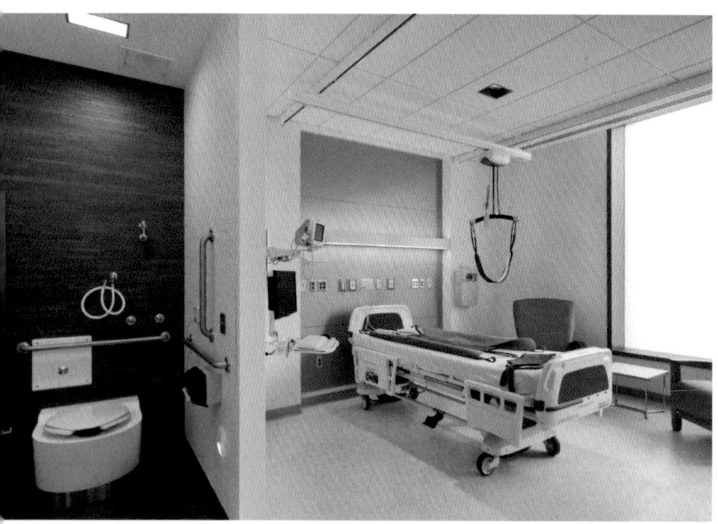

图4-59　以木色为主搭配淡蓝色的病房色彩搭配

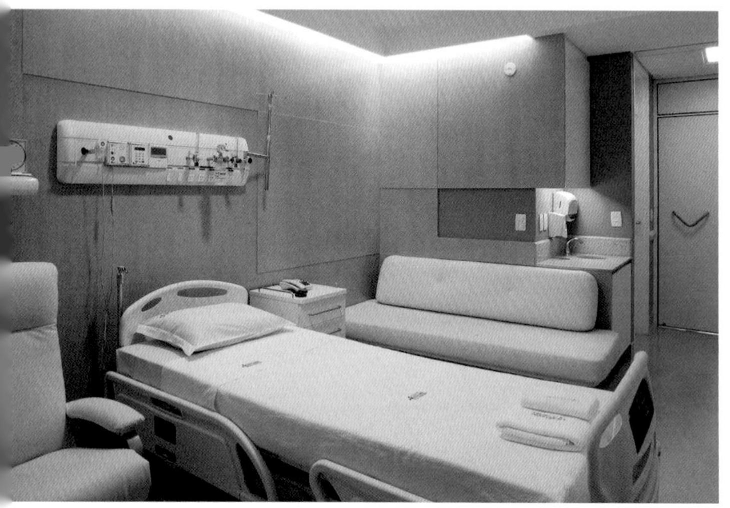

图4-60　儿童病房色彩设计
儿童病房的色彩搭配可以选用对比较强、色彩明度较高的搭配方式。

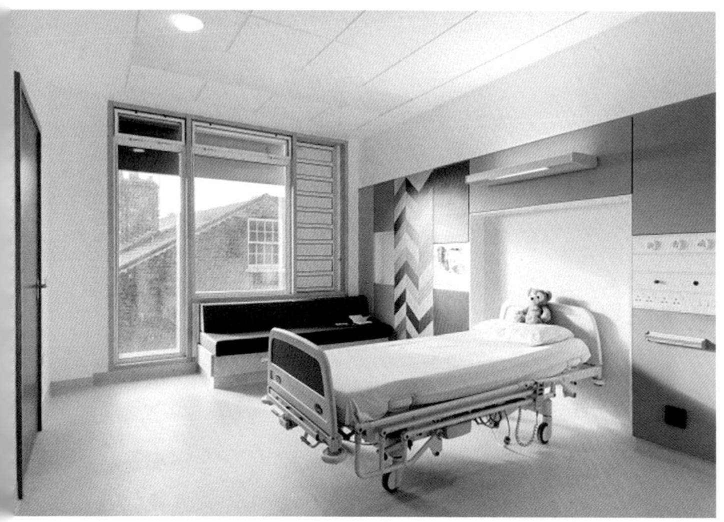

4.3.1 病房空间

病房的主要使用者是患者以及患者家属。研究表明，柔和自然的中性色调是最适合病房的室内色彩，可以帮助患者保持平静，并且也会改善家属的心理状态。应避免在这些空间中使用具有强烈对比的色彩，这些色彩会对患者心理造成压力。但为了避免空间的单调无趣，可以使用较柔和的色调来突出关键功能，例如水槽、橱柜门或窗户框等（见图4-58、图4-59）。

儿童病房需要充满趣味和活力，可使用纯度、明度较高的色彩组合，营造出有趣的环境氛围。清晰简洁的色彩可以减少儿童的焦虑感和困惑感（见图4-60）。相比之下，疗养院的色彩则更柔软、更中性（见图4-61）。由于老年人群视力正在发生变化和衰退，因此需要更大的对比度来帮助和引导患者使用他们的空间（见图4-62）。

图4-61　养老病房的色彩搭配

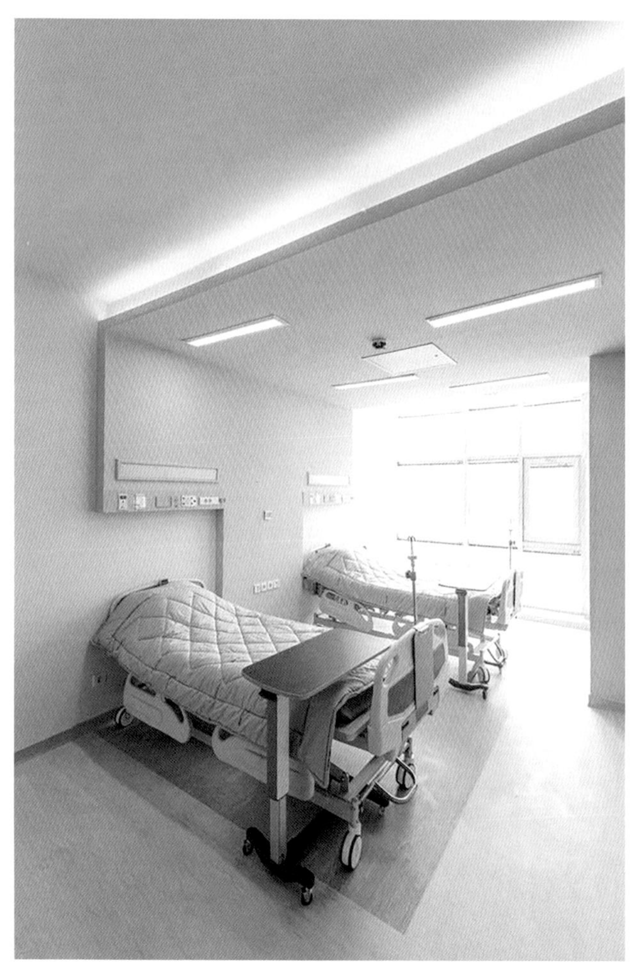

图4-62　病房陈设色彩
对于视力较弱的人群，病房中的陈设的色彩可以选择对比较强的搭配方式，更好地引导人们使用。

图4-63　医疗公共空间中性色的搭配组合

图4-64　候诊区可以用对比强烈的色彩分割空间，引导交通

4.3.2 走廊及其他公共区域

医疗机构的公共空间可以选择较为中性的色彩调节室内环境。中性色具有持久的吸引力，并且可以用重点着色或不同色彩的组合划分空间功能和引导交通（见图4-63）。

很多医疗空间的走廊和候诊区数量较多且功能不同，很多时候使用者会迷失方向，因此为了辅助导航和寻路，长走廊可以用对比强烈的色彩划分，既可以用于定向目的，也可以用于识别不同的部门（见图4-64、图4-65）。接待台后面的区域，尤其应该脱颖而出，通过明亮的色彩起到提示作用（见图4-66）。

图4-65　走廊采用鲜艳的色彩作为指示色，引导人流和区分各个部门

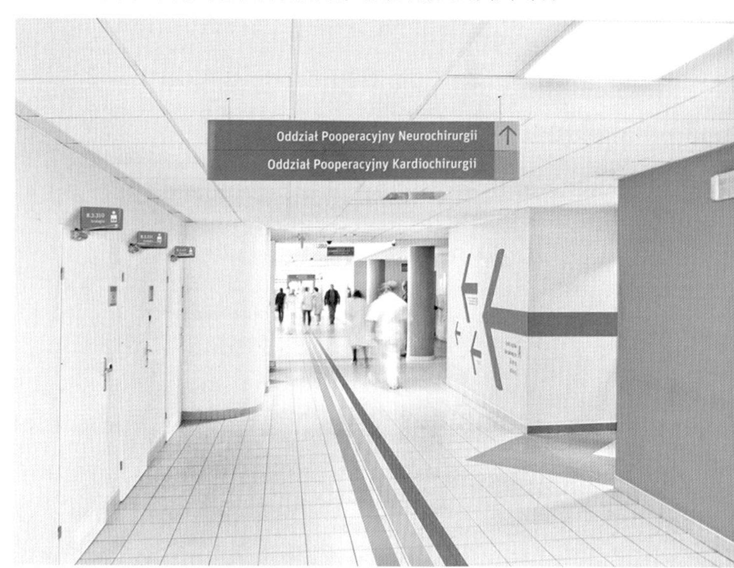

图4-66　医院接待台色彩设计
绿色吊顶结合灯光作为接待台的主题色，使得接待台脱颖而出。

很多医疗机构的室内环境都会使用蓝色、绿色和白色等颜色。研究发现这些颜色具有非凡的心理效果，这就是为什么它们被广泛推荐用于医疗空间的原因。白色通常用于大多数医院墙壁，这是因为它可以为使用者带来平静安定的心情。选择白色的另一个原因是它表示清洁度，可以使患者感到放心并暗示无菌，这也是大多数护士和医生穿白色制服的原因。绿色和蓝色是最清爽和放松的颜色，可以促进平和的气氛，并促进人们集中注意力（见图4-67~图4-69）。

图4-67 某儿童医院公共空间
采用绿色作为主色调，整个空间氛围轻松活泼。

图4-68 蓝色与白色搭配的医疗公共空间

图4-69 白色调的医疗空间

4.3.3 医护人员休息空间

在医疗保健环境中提供护理的专业人员往往会长时间地轮班工作，这就需要给他们提供舒适的空间休息和充电。而根据休息时间的不同，室内色彩选择也会发生变化。对于提供短时间休息的空间而言，室内照明需较为充足，空间界面以及家具等可搭配较为强烈的色彩组合，在保证医护人员可以快速休息的同时，通过明亮的空间以及鲜艳的色彩来保持使用者的精神状态，以确保他们短暂休息后不会感到昏昏欲睡，影响工作（见图4-70）。对于需要长时间休息的医护人员，则需要照明较柔和、较暗的休息室，室内色彩也会倾向于中性的灰色调来营造休息的氛围和环境（见图4-71）。

图4-70 医护人员休息室
白色与绿色搭配的医护人员休息空间，色彩对比强烈，空间色彩明度高。

图4-71 适合医护人员长时间休息的室内空间色彩搭配

4.3.4 手术室空间

手术室的色彩设计需要特别考虑。墙壁通常涂成绿色或蓝色，这是由于特定功能所做出的选择，以抵消长时间盯着开放性伤口（深红色）对眼睛的影响。由于绿色是红色的互补色，它可以中和外科医生在长时间内凝视一种颜色所产生补色的图像（称为余像），因此手术室最好避免使用其他浅色背景（见图4-72、图4-73）。

图4-72　绿色作为背景色的手术室

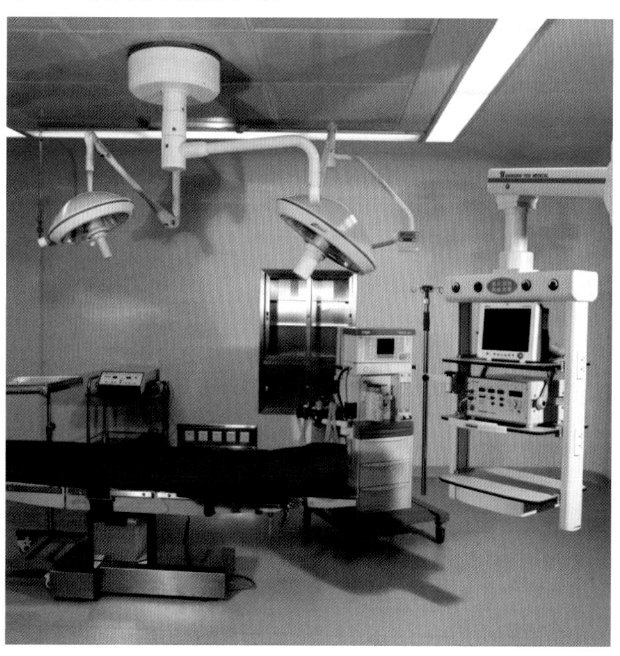

图4-73　界面颜色为浅蓝色的手术室

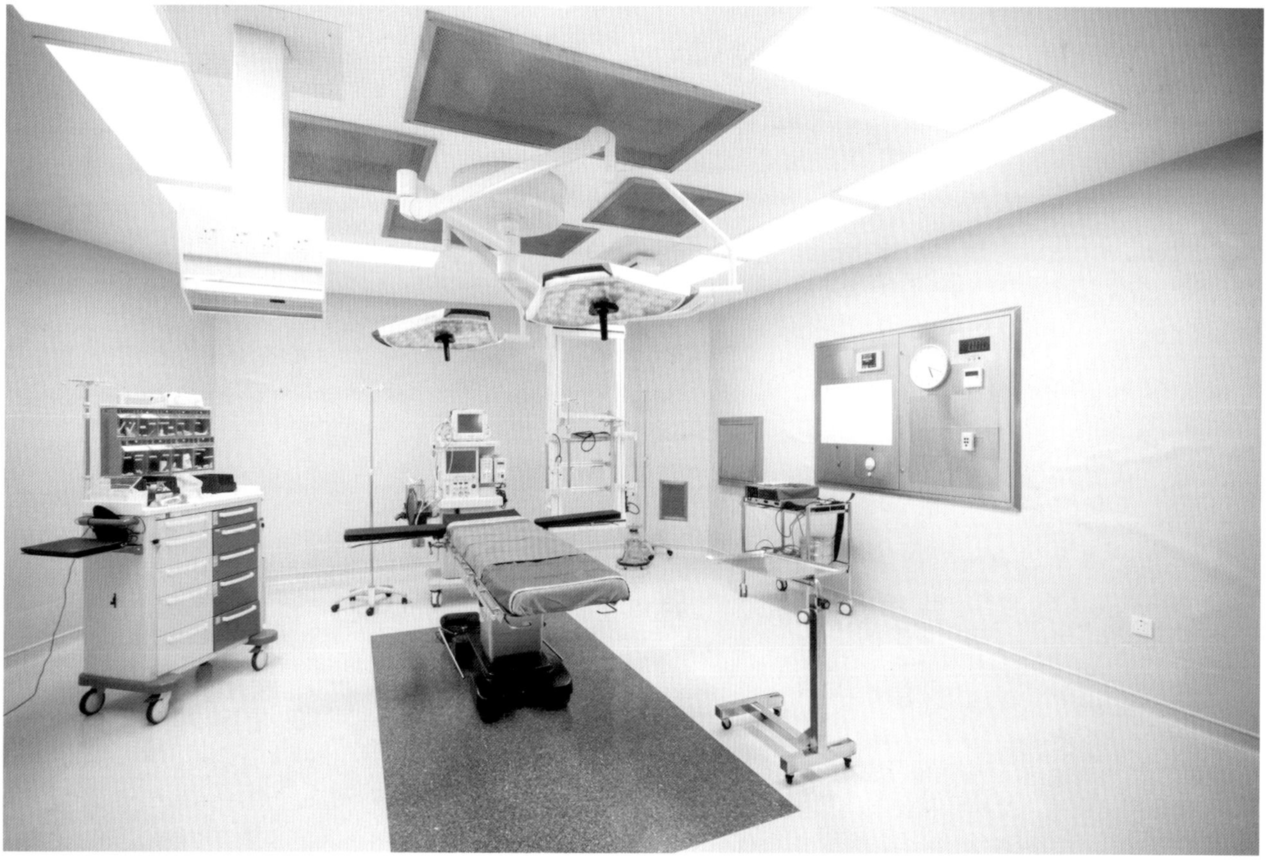

图4-74　现代家居室内设计

4.4 住宅空间色彩设计

由于社会科技的进步，人们的生活水平越来越高，对于居住空间已不仅仅满足于最基本的功能需求，而对空间的舒适性、美观性、个性化的要求越来越高。

家居空间是人主要的生活场所，人一天中有很大一部分时间是在居住空间中度过的。家居空间中的色彩会对人的生理和心理带来直接的影响。合理搭配室内色彩可以营造舒适、宜人的空间氛围，让人们消除紧张疲惫的状态，得到充分的休息和享受（见图4-74）。

因此，家居空间的色彩设计关乎每个使用者的身心健康。空间中使用暖色会使人兴奋，但使用过多会使人精神亢奋、烦躁；冷色的使用会使人情绪冷静、稳定、适合休息，使用过多则会增加消极、抑郁等负面情绪。在家居色彩设计中，只有进行合理的色彩搭配，利用色彩的有机调节才能达到应有的效果和作用（见图4-75~图4-80）。

4.4.1 家居空间的配色要点

（1）家居空间界面的色彩设计

家居空间的色彩界面主要由三部分组成，即地面、墙面以及顶面。这三个界面的色彩在整个空间中所占的比例较大，是确定色彩主基调的部分，因此在设计时需着重考虑。

图4-75　家居色彩设计
整体空间采用白色与原木色搭配作为主色调，局部点缀黄色以及灰色等，营造出清新淡雅、温馨舒适的空间氛围。

图4-76　暖色调家居色彩设计
白色墙面与地面搭配木色家具以及暖灰色布艺沙发，整体色调统一，温暖舒适，沉稳典雅。

①地面颜色。地面位于整体空间的底部，且与室内陈设的接触最为紧密，因此，在颜色选择时纯度和明度不宜过高，可选用灰色、米白、浅褐色或木色等，这样既可以产生稳重之感，不会显得空间头重脚轻，还能与室内陈设的色彩相协调，用以烘托和凸显室内家具等陈设。

②墙面颜色。墙面是三个界面中面积最大的，所以墙面颜色对于空间整体色调的影响也最明显。一般情况下，家居的墙面颜色要比顶面的略深，而比地面的颜色要浅一些，这样在视觉上会比较平衡、舒适。墙面颜色一般明度较高，局部可用深色做点缀或强调视觉焦点，这样有利于室内的自然光线反射，提高室内亮度，至于色彩的冷暖则要根据实际情况以及使用者的喜好等因素决定。

③顶面颜色。顶面可以起到反射室外光线的作用，因此在家居空间中顶面一般会选择明度较高的浅色系或者白色。浅色在人的心理感受上也会比较轻盈，可以避免大面积的深色顶部带给人的压抑感，使整体空间明亮、舒适、适宜人们生活休息。

图4-78　对比色调家居色彩设计
墙面采用黑白对比，家具色彩鲜艳，对比强烈，整体空间给人以热情奔放的视觉感受。

图4-77　中性色调家居色彩设计
家居空间是以中性色为主色调，重点色彩用对比较强的色彩，在表现整体环境沉稳、舒适的同时又不缺乏活力和情趣。

图4-79　浅色调家居色彩设计

图4-80 中性色调厨房色彩设计

（2）色彩对于家居空间尺度的作用

随着城市人口的增多，人均居住面积也越来越有限，城市中出现了越来越多的小户型设计、迷你公寓等居住空间（见图4-81）。这样自然而然地就会出现很多较为狭小的空间。如何通过色彩的搭配，让人们从视觉上缓和空间的狭小所造成的负面影响，是色彩在家居空间中的作用之一。

对于面积空间较小的家居空间，色彩的选择显得尤为重要。通过色彩的属性可知，色彩具有视觉放大或缩小的作用，明度高的色彩要比明度低的色彩看起来更大，所以在狭小的空间中应选择明度较高的浅色系作为空间的主色调，以白色最为明显（见图4-82）。一般情况下，狭小的空间顶部选择白色，可以最大限度地获得室外光线反射，并在视觉上拉升整体空间的高度。而墙面则可以使用白色或与白色相近的颜色，如米黄色、浅

图4-81 迷你公寓越来越流行

图4-82 迷你住宅室内色彩搭配
通过大量运用白色，产生室内空间增大的视觉效果。

灰色等。地面色彩的明度应相对较低，以保证室内色彩的协调平衡，如木色地板、深灰色地面等，这样的搭配组合可以在视觉上增大室内空间的面积（见图4-83）。而当室内界面的色调都为浅色调时，那么室内陈设物的色彩选择需要有所变化，可以选择色彩对比较强的深色系，这样既可以作为重点色起到视觉中心的作用，深色系也可以在视觉上缩小物体的尺寸，从而扩大空间的使用面积（见图4-84）。

基于以上观点，在现代住宅中较为狭小的空间，如厨房、卫生间等选用白色作为主色调，甚至家具摆设等也使用白色，但过多的白色使得光线反射过强，缺乏视觉焦点，反而会弱化空间尺度，因此在实际设计中也需要适当加入其他色彩调和，减少过量的光线反射（见图4-85）。

图4-84　住宅室内白色墙面与对比色家具搭配

图4-83　白色墙面与木地板搭配的住宅室内空间

图4-85　某住宅餐厅空间

采用大面积白色作为主色调，局部采用黄色做重点色，陈设的颜色也或白或黄，与整体空间相呼应。白色简洁大方，黄色又可以增强食欲，色彩明亮通透，在扩大视觉面积的同时又不失趣味性。

（3）家居空间中重点色的使用

家居空间中的重点色主要是指家具、布艺、装饰品等的色彩。重点色在家居空间色彩设计中具有重要的作用。

①重点色可以起到调节室内色彩平衡的作用。重点色作为室内色彩的一部分，可以根据整体空间色调进行选择，来调节空间色彩上的不足和平衡。如家居空间中整体为冷色调，则家具等陈设可以选择暖色系，以此作为对室内暖色调的补充，调节室内色彩平衡，避免空间色彩过冷所产生的压抑和冰冷感（见图4-86）。

②重点色可以起到画龙点睛的作用。空间的色彩需要有强弱主次之分，大面积的色彩运用会使得空间过于平缓、单调、缺乏视觉刺激，因此在家居空间中，可以适当选择色彩鲜艳、对比强烈的家具或装饰品作为空间的视觉中心，以此来强调色彩的变化，丰富空间层次（见图4-87）。

图4-86 某住宅客厅空间
整体界面采用混凝土冷色调，搭配暖色调沙发等，色彩搭配平衡，冷暖色互补。

图4-87 某住宅室内休息空间
深红色的座椅成为整个空间的视觉焦点，为空间环境增添了色彩与活力。

4.4.2 家居空间功能分区色彩设计

（1）起居室色彩设计

起居室一般是家居空间中面积比重较大的公用空间，是一家人活动、休息、招待客人的地方，所以起居室的功能丰富多样，在室内色彩设计时应综合考虑，要符合家庭成员中大部分人的诉求。

根据室内空间大小的不同，对于起居室的色彩基调或主色调的选择也有所不同。在较小的起居室空间中，室内色彩应选择明度较高，色彩统一、淡雅的主色调，以保证空间的完整性以及起到扩大空间的作用。而较大的起居空间则可以选择中性色等明度稍低的一类色彩，局部空间可以用饱和度较高的色彩对比处理。色彩明度的变化一般也应由下至上依次减淡，避免出现“头重脚轻”的情况，造成压抑的空间感。以地板为例，通常起居室内地板的色彩一般是空间界面中明度最低的，地板色彩不宜过亮。明度过高的色彩容易使人的注意力不自觉地向下转移，不利于人们交谈。明度较低、颜色相对较深的地板不仅可以起到稳定空间的作用，还可以让人们的视线保持平视，更符合人们的视觉习惯。

起居室内的重点色一般是通过家具、装饰物等陈设物品体现的。一般可以采用两种不同类型的色彩搭配。采用对比色为主的色彩搭配，可以增加视觉感官刺激，活跃空间气氛，个性鲜明，给人一种年轻活力的色彩氛围；而采用与基调协调的相近色作为主要的色彩搭配，空间连续感强，色彩变化细腻，营造一种舒适、和谐的空间氛围（见图4-88~图4-93）。

图4-88　某住宅起居室空间1
整体起居室采用白色与灰色两种颜色作为主色调，室内家具等陈设色彩也根据主色调选择同类色搭配，整体风格统一和谐，空间连续性强。

图4-89　某住宅起居室空间2
以白色与暖灰色搭配的起居空间，同样运用相近色搭配手法。

图4-90　某住宅起居室空间3
起居室空间设计，运用多种对比色的搭配，界面色彩与陈设色彩碰撞组合，具有鲜明的特征与个性。

图4-91　某住宅起居室空间4
这是以灰色、木色、白色构成的一处起居空间，沉稳典雅，统一和谐。

图4-92　某住宅起居室空间5
该起居室同样运用对比色组合设计，整体氛围轻松活跃，深受年轻人喜爱。

图4-93　某住宅起居室空间6
运用对比色的起居室可以营造个性独特的艺术氛围。

（2）卧室色彩设计

人的一生中有近三分之一的时间是在睡眠中度过的，人们在卧室中度过的时间比其他地方都要更久。卧室的功能也不单单是供人睡觉的空间，很多情况下卧室是个人的私人空间，会在此读书、处理私人事务，或者兼具室内办公的用途等，因此卧室也具备多重功能的特性，所以在色彩设计中应多方面考虑（见图4-94）。

卧室的色彩设计主要是根据使用功能来决定的。卧室的主要功能是供人睡眠，因此适宜入睡或者有助于睡眠的卧室色彩是设计的初衷。人的睡眠在一般情况下是遵循自然生物规律的，但是由于社会的发展变化，很多人的生活规律也发生了很大的改变，夜生活越来越丰富，很多夜间工作也越来越多，所以一间可以帮助人们快速入睡，甚至是白天也可以熟睡的卧室越来越受到人们的喜爱。合理的色彩搭配可以帮助人们更好地睡眠，在配色时应着重考虑使用者的睡眠习惯，若是习惯于熄灯睡觉，那么色彩的搭配则不需过多考虑使用者睡前的色彩影响；若习惯于有微弱照明的情况下入睡，那么则应选择波长较长容易吸收光线的色彩，这样在微弱照明的情况下，色彩的明度也会接近于黑色，有利于人们的睡眠（见图4-95）。而对于起床时间有要求的人们来说，选择浅色系的窗帘如米白色、浅灰色等，都可以有一定的透光性，这样阳光可以在早晨照亮室内，帮助人们自然苏醒。

图4-94　现代卧室色彩设计

卧室作为较为私密独立的私人空间，主要的色彩搭配还应与个人喜好为主，不用过多考虑外部因素。以下是根据现代卧室色彩搭配发展趋势以及不同色彩的特性对卧室色彩设计提出的几个注意要点。

①近年来，中性色已成为卧室色彩搭配的主流趋势。明亮或哑光的奶油色、米色、棕色非常受欢迎。中性色是卧室不错的选择，特别是因为中性色与其他颜色搭配更为容易，容错率较高（见图4-96）。

图4-95　色彩搭配中性柔和的卧室有助于人们入睡

图4-96　中性色在卧室色彩中的运用

图4-97 蓝色调为主的卧室空间

如果为了营造轻松和平静的卧室环境，可以考虑使用较为柔和的绿色调与蓝色调，这样可以使房间看起来更为平静。绿色意味着能量、平静、平衡、安全、稳定和自然；蓝色可以使人平静、忠诚、宁静、沉思，刺激人的思维，起到防止人做噩梦的作用（见图4-97、图4-98）。而紫色与生育、快乐、创造力有关，但在使用中必须与其他颜色结合使用，因为大面积的紫色会影响人们的睡眠（见图4-99）。

通过应用明度较高的颜色，可以使小卧室看起来更大，如白色或者米白色等。此类色彩与一些柔和的色彩相结合，使卧室环境更为清新、富有活力。例如，为了营造一个平静而富有活力的环境，可以使用浅绿色混合咖啡色或少量的玫瑰红和浅灰色搭配。

②建议避免卧室使用深灰色调，因为它们会引起悲伤和抑郁压力。很多刺激较强的色彩不适用于卧室空间，但根据个人需求也可适当选择，例如橙色、黄色或红色色调，在使用时也应以浅色调为主，而大面积高纯度的橙色或黄色会过度刺激视觉神经，不利于睡眠（见图4-100~图4-104）。

图4-98 绿色调为主的卧室空间

图4-99 紫色调为主的卧室空间

图4-100　不同色彩组合的卧室空间1

图4-101　不同色彩组合的卧室空间2

图4-102　不同色彩组合的卧室空间3

图4-103　不同色彩组合的卧室空间4

图4-104 不同色彩组合的卧室空间5

③添加强调色可以增强卧室的色彩活力，避免大面积的色调造成呆板和无趣。选择与现有墙面颜色相辅相成的颜色，如可以在家具色彩上做一些变化，在房间内营造全新的外观和感觉。强烈的色彩，如青绿色和深蓝色，非常适合为大面积中性背景的卧室中增添一抹色彩（见图4-105、图4-106）。

④当然在追求卧室色彩个性的同时，也应适当考虑色彩的协调统一关系，室内界面色彩应与陈设的色彩搭配相协调，卧室的色彩也应与室内整体环境相协调。

图4-105 强调点缀色在卧室空间中的运用1

图4-106 强调点缀色在卧室空间中的运用2

（3）餐厅与厨房色彩设计

在餐厅色彩设计与营造氛围时，不仅要考虑美学，还要结合色彩心理学原理。研究表明，餐厅空间的颜色实际上可以影响使用者的心理，使他们下意识地以多种方式做出反应，从影响人们的食物选择和食欲。不同的色彩会刺激不同的情绪，并会影响人们的饥饿感、口渴感和空间感。因此，家居空间中餐厅的色彩选择同样非常重要（见图4-107）。

总的来说，家居空间中的餐厅，应具有轻松、舒适的环境氛围，所以主色调不宜过于艳丽，应以较为淡雅的暖色调为宜。暖色调不仅可以营造温馨、舒适的环境，还可以增加人们的食欲。下面根据在家居餐厅中最为常用的几类色彩以及它们的属性，讨论它们对于使用者食欲的影响。

①具有较强增进食欲效果的色彩。科学证明，红色和橙色是刺激食欲的最有效的颜色。红色在自然界中是很丰富的，很多情况下红色、橙色可以使人们联想到很多美味的食物，从而增加人们的食欲。黄色也是食欲兴奋剂，黄色可以使人产生愉悦的感受，通常伴有满足感。因此，当看到黄色时，人的大脑会分泌血清素，让人产生饥饿的感觉（见图4-108、图4-109）。

图4-107　住宅餐厅与厨房的色彩搭配

图4-108　橙色色调的住宅餐厅空间

图4-109　红色色调的住宅餐厅空间

②具有温和增进食欲效果的色彩。绿色或青绿色是温和的兴奋剂。因为许多绿叶蔬菜是绿色的，绿色可以使人联想到健康、良性、无毒的食物，例如一些蔬菜和水果等。

③抑制食欲效果的色彩。黑色、棕色、紫色和蓝色是食欲抑制剂。研究表明，这是因为这些色彩在自然界中不存在，也就是说，不是以食物的形式存在。在特定历史时期，蓝色、黑色和紫色也标志着腐烂或有毒的东西，这是人类在漫长的生产生活中所获得的经验。就像我们的大脑对红色、橙色和黄色的反应一样，都属于人类自然的条件反射。

厨房在家居空间中作为储藏和制作食物的环境，需要很高的环境要求，所以，采用明度较高的色彩可以有利于打扫和清理污垢。因此，一般厨房色彩的主色调都以浅色为主，这样不仅有利于清理垃圾和杂物，也可以与其他厨房用品区分，提高识别度，更有利于人们使用，提高使用效率的同时也增加了安全性。在现代住宅空间中，厨房的面积一般较小，因此空间界面更适合使用明度较高的暖色系，这类色调可以与食物的色彩相协调，而其他厨房用具，如橱柜、储存架等，可以采用较为丰富的色彩搭配，以此活跃空间气氛，增强空间色彩表现力（见图4-110~图4-113）。

图4-110　白色色调的住宅餐厅空间
整个厨房空间大面积使用白色作为主色调，墙面局部搭配木色，营造出一种干净整洁的空间氛围。

图4-111　某住宅厨房空间1
通过白色台面与深色橱柜的组合搭配，使得整个厨房空间结构清晰，简洁朴实。

图4-112　某住宅厨房空间2
整体为白色的厨房空间搭配黄色的橱柜，打破了空间的平均与呆板，增加空间色彩的视觉对比感受。

图4-113　某住宅厨房空间3
多种颜色的搭配可以为厨房带来活跃的视觉空间感受，并且可以丰富空间的视觉层次和细节。

（4）卫生间色彩设计

现代住宅空间中卫生间一般具有双重功能，即浴室和厕所。洗浴是人们每天都会做的事情，清洁身体的同时也是一个放松身心、缓解疲劳的过程，而厕所更是人们生活中必不可缺的空间环境，每天都会使用，所以卫生间在满足人们使用功能的同时也要营造舒适、整洁的感觉。设计师可以通过一定的色彩搭配组合，营造宜人的卫生间空间环境。

由于卫生间的空间一般较小，所以色彩在空间中的作用也更为重要。通常情况下，卫生间的墙面与顶面适宜选择明度较高的色彩，不仅可以营造清洁卫生的环境，也可以使整体环境显得明亮、温馨。而整体的冷暖色调可以根据使用者的喜好自行搭配，也可根据地域环境气候选择，在较热的地区可以选择冷色调，在较冷的地区可以选择暖色调。为了使得整体空间的色调统一，地面与洁具可以根据墙面与顶面的色彩，选择与之明度、纯度相近的颜色搭配（如图4-114~图4-117）。

图4-114　黑白色搭配的卫生间色彩设计
卫生间墙面与顶面采用白色，搭配深灰色地面，空间结构分明，浅色调使得空间明亮温馨。

图4-115　中性色搭配的卫生间色彩设计
该卫生间通过中性色白色与灰色的组合，试图营造一种简洁、纯粹、朴实无华的空间氛围，令使用者在其中感受到平静与安定。

图4-116 高明度搭配的卫生间色彩设计
该卫生间同样采用色彩明度较高的颜色，但墙面与地面采用暖色调处理，整体给人以较为温馨、温暖的视觉感受。

图4-117 冷色调搭配的卫生间色彩设计
该卫生间主要采用冷色调设计，大面积使用浅蓝色，营造一种平和、舒缓的空间氛围。

除此之外，黑色在卫生间的色彩设计上一定要慎重。大面积的黑色不仅会使得本来面积较小的卫生间在视觉上更加局促，而且会使人产生一些负面的心理情绪，所以黑色一般情况下不建议在卫生间中大量使用（见图4-118）。

图4-118 黑色与白色搭配的卫生间色彩设计

（5）家具陈设色彩设计

在居住空间中，家具所占的面积比重是所有陈设中最大的，其色彩的比重在整体环境中的影响也非常重要。一般情况下，家具在居住空间中是前景色，而墙面的色彩则是背景色，在室内色彩设计时要着重考虑这两者之间的色彩协调关系。在空间较小的住宅中，家具一般选择与空间界面相近的色彩搭配，这样既可以统一整体色调，使整体空间看起来更为完整宽敞，又有一定的色彩变化，丰富空间层次。而在面积较大的住宅空间中，家具的比例相对较小，为了营造空间视觉焦点，以及缓解空间过大所造成的空旷感，家具可以选择与界面为对比色的色彩搭配（见图4-119~图4-122）。

图4-120　相近色搭配的住宅室内陈设色彩设计2

图4-119　相近色搭配的住宅室内陈设色彩设计1

图4-121　对比色搭配的住宅室内陈设色彩设计1

图4-122 对比色搭配的住宅室内陈设色彩设计2

在居住空间中，除了比重较大的家具色彩需要与整体空间色彩相协调，还有一些其他的陈设，如布艺、装饰物色彩等也需要加以考虑。在某些居住空间中，布艺陈设的面积较大，很多家具都采用布艺材料覆盖，这样就会直接影响整体环境的空间氛围。

居住空间中的布艺种类很多，包括窗帘、床上用品、地毯、抱枕以及布艺家具等。这些布艺用品在居住空间中都具有实用功能，并且都有丰富多样的色彩，其在室内环境中可以起到很好的装饰效果。布艺的质地一般都较为柔软，所以在空间中的色彩情感更为细腻（见图4-123、图4-124）。

图4-123 住宅空间中的布艺陈设色彩1

图4-124 住宅空间中的布艺陈设色彩2

4.5　商业空间色彩设计

4.5.1 商业空间中色彩的作用

室内环境受色彩、材质、光影、空间等要素的影响，商业空间也是如此。商业活动的产生依赖于商业氛围，而商业空间设计则是在设计思想的指导下以及物质空间的基础上进行的，其中色彩作为空间要素的一部分在商业空间中也起着至关重要的作用。色彩通过人们的感官印象产生不同的心理反应，作为使用者对空间的评判标准，同时也在一定程度上对人的商业行为造成影响（见图4-125、图4-126）。

4.5.2 商业空间中色彩设计的特征

（1）空间色彩气氛

商业空间整体色调的气氛应以视觉舒适为基本条件，也是商业空间中最表层的色彩设计。商业空间中色彩的种类多种多样，服务于不同的空间环境，但其共性都是以营业为目的，所以在色彩的选择上就必须考虑消费者的心理特征。一般情况下，大面积色彩浓烈的空间容易过度刺激视觉神经从而产生审美疲劳，不利于商业销售的持久性；而过度单调、缺乏变化的色彩也容易使人产生乏味感，会降低人们的购买欲望。由于商业空间色彩种类繁多，不同功能性质的商业空间对色彩的要求和选择也有所不同，所营造的商业氛围也类型各异，如大型商场、酒店、餐饮空间等，选择合理恰当的商业空间色彩搭配，可以对所从事的商业活动起到很好的辅助带动作用（见图4-127~图4-130）。

图4-125　商业空间中的色彩设计

图4-126　餐饮室内空间色彩设计

图4-127 色彩变化丰富的商业室内空间

图4-128 某服装店的室内色彩设计

图4-129 商业公共空间白色与原木色为主色调，确保人们视觉的舒适性

图4-130 某餐厅室内色彩设计

（2）商业空间中照明色彩的运用

同样，色彩氛围的营造离不开光照，照明对于商业室内色彩同样不可忽视。由于商业空间自身的特点，室内自然光照一般较为不足，需要人造照明作为补充，因此，在商业空间中最基本的光照要求是达到使用者的照明需求，以保证室内色彩可以获得最佳的视觉效果。当然，色彩的搭配也要根据不同商业环境功能需求整体设计，在满足照明需求的同时也可以反映空间氛围，体现商业特色（见图4-131~图4-134）。

图4-131　商业空间中彩色灯光可以烘托环境氛围

图4-132　灯光与色彩可以营造出不同的商业氛围

图4-133　商业空间中的人造灯光照明

图4-134　某餐厅室内设计，灯光色彩起到了很好的装饰作用

图4-135 某服装店室内色彩设计
地面采用对比色的设计手法，视觉冲击力强。

（3）空间整体与和谐

商业空间的色彩设计具有多重功能，既要满足使用者的生理、心理的适应性，以及色彩的功能性，还要为商业空间不同使用功能服务。一个优秀的商业空间色彩设计既要和谐统一，又要反映空间个性。人对于色彩的视觉感官适应度以及空间功能决定了在商业空间色彩中最为根本的依然是掌握空间色彩的整体与和谐。

如对比色与类似色的配色方法在商业空间中的运用，同一色相的色彩，可以通过明度高低的不同产生对比变化，也可以运用不同色相或者饱和度的色彩组合对比关系。使用类似色的搭配有利于空间色彩的统一性和连续性；对比色和互补色的运用可以起到活跃空间氛围的作用，但是也要在整体色调统一的前提下进行设计。

总之，商业空间的色彩不能简单孤立地看待，而是要注意不同属性、功能的色彩之间的相互影响。从空间的整体出发，合理运用色彩的对比与调和关系，通过对整体色调的把控以及对比色等细节刻画形成虚实结合的色彩关系，使环境具有独特的视觉艺术效果（见图4-135~图4-137）。

图4-136 某餐厅的室内色彩设计
颜色种类繁多，但和谐统一，营造出独特的视觉效果。

图4-137 某服装店室内色彩设计
采用相近色设计，整体风格统一，具有品牌独有特征。

4.5.3 不同类型商业空间色彩设计

（1）卖场空间的色彩设计

随着时代的发展，物质水平的提高，越来越多的人选择去购物场所进行消费，购物场所的种类也变得越来越丰富，如大型商场、专卖店、百货商店、超市等都属于卖场空间。人们的这种消费已经从单纯地购买物品逐渐演变为对购物过程和购物环境的体验，因此卖场空间除了具备销售和展示功能以外，还应具有较好的空间视觉设计，以满足人们对于购物场所的心理需求（见图4-138）。

卖场空间的色彩设计要以其特定的功能与特征为基础，通过色彩搭配对空间环境以及商品起到烘托和渲染的作用，并且形成统一的风格。卖场空间的色彩设计也要符合大众的心理需求，而且还应与商品的价格定位、顾客的消费习惯相关联，帮助人们更加直观地了解自己所处的消费环境，以及帮助人们更好地挑选商品（见图4-139、图4-140）。

图4-138 现代卖场空间的色彩设计

图4-139 某奢侈品牌室内色彩设计——奢华、高端的视觉体验

图4-140 某平价服装店室内色彩设计——温馨、舒适的视觉体验

图4-141 商业空间的色彩设计可以体现产品定位

图4-142 商业空间的色彩设计可以传达产品特色

另外，很多商品本身的色彩比较丰富，如果周围的色彩过多会与商品本身的色彩产生矛盾，使空间色彩变得混乱，不能起到烘托商品的作用，不利于商品的销售。

卖场空间中的色彩不仅需要具有美观的视觉效果，还需要包含多种其他信息与功能，如卖场空间的档次定位、产品定位，以及作为陈列展示商品的功能等。为此，在许多卖场空间色彩设计时，应着重理解该商业空间的功能及定位、产品的特点和类型，突出其自身的特点，并通过不同色彩的搭配表现出来，营造引人注目的视觉空间氛围（见图4–141~图4–143）。

图4-143 商业空间中的色彩具有传递信息的功能

在各类卖场空间中，商品的定价、种类以及款式等因素都会影响空间中的色彩搭配，并且卖场空间中的部门种类繁多，所以为了满足顾客购物的各种需求，还必须根据空间功能为其设计不同的色彩氛围，以起到引导购物的作用。这时色彩设计在商业空间中就显得格外重要，通过色彩的设计，使得很多视觉信息变得更加直观明了。所以在一些卖场空间中的公共区域，例如收银台、咨询台、卫生间以及休息区等可以采用固定的色彩搭配。对于较大的卖场空间，还可以通过色彩进行区域划分，以方便顾客查找（见图4–144~图4–146）。

图4-145　在卖场空间中色彩可以作为交通信息

图4-144　卖场公共空间中不同色彩的搭配设计

图4-146　某购物中心公共空间中的色彩设计

卖场空间的色彩设计与商品档次、定价以及预估顾客购物速度有关。例如在卖场空间中的打折区中，商品与客流量都比较大，游客的购物速度相对较快，所以一般选择色彩明亮的主色调，局部搭配对比强烈的对比色，使空间氛围明快活跃且快节奏，从而加快人们的购物速度；而在奢侈品等购物区域，色彩则可以选择较为舒缓、慢节奏的搭配方式，让顾客可以沉浸在购物环境当中，通过较长时间地了解和筛选商品达到良好的购物体验。所以说，商业色彩设计对于商品的销售具有促进作用（见图4–147、图4–148）。

对于不同的卖场空间，消费人群的不同也会影响色彩的搭配。例如男士服装店与女士服装店在色彩的选择上会有较大差别。一般男士服装店的色彩对比度比较高，通过色彩的对比使得空间棱角分明，从而体现男性硬朗的性格特征，色彩也一般会选择中性色、灰色调等，所以男士服装店的色彩搭配需要体现沉稳、成熟、阳刚、富有男性魅力的空间气氛（见图4–149~图4–151）。相反，女士服装店的色彩搭配需要体现女性的阴柔之美，所以一般会选择视觉较为柔软、过渡平滑的色彩搭配。白色、米黄色、红色系等暖色调等非常受女性顾客青睐，这些颜色可以体现女性优雅、温柔、亲切的情感特征（见图4–152~图4–154）。

图4–148 某品牌鞋店室内打折区色彩设计

图4–149 某男士运动服装店室内色彩设计

图4–147 某奢侈品室内色彩设计

图4-150　某男士服装店室内色彩设计

图4-151　某著名西装品牌室内色彩设计

图4-152　某女装品牌室内色彩设计1
以紫色为主色调，高贵典雅。

图4-153　某女装品牌室内色彩设计2
以粉色为主色调，清新、俏皮。

图4-154　某女装品牌室内色彩设计3
以玫瑰金色为主色调，华丽、高贵。

超市，即超级市场，作为卖场空间的种类之一，是人们日常生活中使用频率较高的一种商业空间。超市在20世纪60年代诞生于美国，并迅速在全球发展开来，如今基本任何商圈都会设有各类的超市。超市具有产品种类丰富、购物环境自由、定价平民化等特点，因此也是人们购物选择的重要场所之一。

超市的色彩搭配一般会选用明度较高的色彩，以白色最为常见。首先，浅色调具有扩大视觉空间的作用。由于超市布局相对紧密，人流较大，浅色调可以使空间看起来更加宽敞舒适。其次，白色搭配色彩鲜艳的颜色，可以使人产生快节奏的视觉效应，非常适合人流速度较快的超市空间。并且超市的货物种类繁多，包装也色彩各异，所以浅色系作为背景色，既可以统一整体空间基调，也可以与各色商品形成鲜明的对比，使得商品更为醒目，起到烘托商品的作用（见图4-155~图4-158）。

图4-155 超市室内色彩设计1

图4-156 超市室内色彩设计2

图4-157 超市室内色彩设计3

图4-158 超市室内色彩设计4
超市室内色彩一般以明度较高的色彩作为背景色，统一空间，强调商品。

（2）酒店空间色彩设计

在日常生活中，酒店是为人们外出旅行提供住所的地方，也是人们在旅途中重要的休憩场所。对于外出旅游的人而言，酒店舒适与否也是本次旅行满意度的重要影响因素之一。在酒店室内环境中合理运用色彩搭配，不仅可以给客人带来极具美感的视觉享受，还可以营造温馨舒适、家一般的空间氛围，帮助客人放松心情，安心休憩（见图4-159~图4-162）。

图4-159　不同功能区域的酒店色彩设计——大堂

图4-160　不同功能区域的酒店色彩设计——休息区

图4-161　不同功能区域的酒店色彩设计——会客区

图4-162　不同功能区域的酒店色彩设计——客房

①色彩设计在酒店空间中的作用。一般来说，酒店包含多种功能空间，每种空间的色彩需求也有所不同，但总的来说要把握以下几点，这也是色彩在酒店空间中起到的作用。

a.充分考虑功能性的色彩设计。酒店作为为人提供服务的商业场所，首先要考虑其色彩的功能需求，通过色彩营造舒适惬意的空间感受。色彩心理学研究表明，色彩对于人的生理和心理都具有显著的影响，酒店空间也不例外，所以色彩设计应随着空间功能的不同而变化，充分考虑空间的功能性质，做到色彩服务于功能；其次也要符合大众的审美需求，创造具有一定审美情趣的空间色彩。在酒店室内色彩设计中，既要注重科学性，也要具有艺术性（见图4-163、图4-164）。

b.符合空间审美需求。色彩具有风格重组、改变空间等视觉效果，在酒店空间中色彩设计也必须符合空间结构的需求，充分发挥色彩对空间的影响作用。设计师可以运用主体色、背景色、对比色等色彩搭配，起到美化和调整空间的效果。与住宅空间类似，酒店空间色彩设计中，首先要确定空间的主体色调，通过主体色奠定空间主要色彩基调和氛围，从而形成基本的空间特色，但主色调不宜使用过于鲜艳的色彩，这样不符合人的心理需求，会因过度刺激视觉神经而不利于人休息。在局部区域可以通过对比强烈的色彩搭配，起到调节空间色调和氛围的效果。在色彩设计的过程中一定要注重空间的韵律感和节奏感，通过色彩整合来反映空间特色，切忌杂乱无章（见图4-165、图4-166）。

c.通过色彩改善空间效果。充分利用色彩的物理属性，可以帮助改善酒店空间中的一些不足和缺陷。例如空间过大时，通过使用近感色来缓解空间的空旷感；而层高过低或者房间过小时，使用明度较高的色彩可以增大视觉空间。这些色彩的基本物理属性在很多空间中都非常实用（见图4-167、图4-168）。

图4-163 酒店空间色彩应具备功能性作用——交通引导

图4-164 酒店空间色彩应具备功能性作用——分隔空间

图4-165 某酒店电梯厅的色彩设计
暖色调搭配金属色，带来舒适高雅的色彩感受。

图4-166 某酒店大堂以白色作为主色调的色彩设计

图4-167 某酒店公共空间
以黑白色为主色调，沉稳高贵，减轻空间的空旷感。

图4-168 酒店客房的层高偏低，选择白色可以在视觉上增加层高

d.注重色彩的标识作用

i.安全标识。在自然环境中，很多动物都使用一些特定的颜色作为警示。而我们生活中也会运用很多颜色来作为标识色，如红色一般表示危险的警告信号，黄色也有一定的警示效果，绿色表示安全信号，如室内逃生通道多用绿色作为标识色。酒店室内人员较多，环境也比较复杂，在发生危险时，安全警示色彩的合理运用可以帮助人们更好地逃生和救助（见图4-169）。

ii.空间导向系统。酒店空间一般情况下环境较为复杂，入住者对于整个环境是陌生的，所以很多功能需要各种信号的提示和引导。设计者一般会通过一些固定的色彩搭配起到交通导向的作用，比如走廊中地毯颜色的引导，或者墙面的导视色等，都可以起到引导交通、便于顾客出入的效果（见图4-170、图4-171）。

图4-170 某酒店使用绿色作为提示标志色，起到醒目的作用

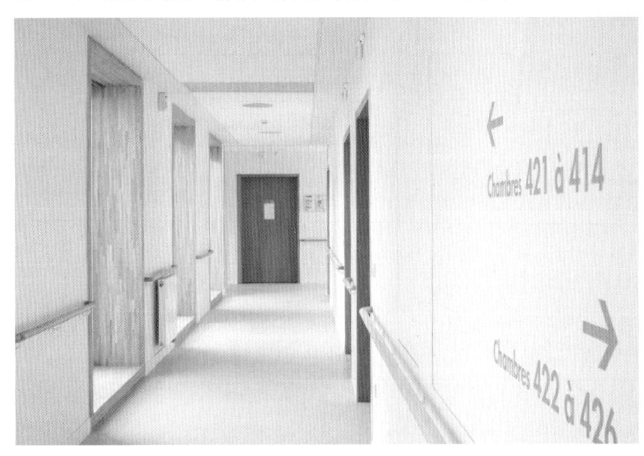

图4-169 某酒店走廊逃生扶手采用黄色作为提示颜色

图4-171 某酒店走廊导视系统

iii.空间区分。酒店室内环境由多种功能空间组成，色彩可以起到划分空间的作用。在酒店大堂中，如前台、休息区等都可以使用色彩进行软性划分。同样，公共空间与私密空间也可以利用不同色系进行划分（见图4-172、图4-173）。

e.注重民族文化、地区特点以及气候环境。对于不同地域不同民族文化的人而言，由于地域气候的差异以及民族文化的不同，在色彩审美方面也不尽相同。所以在酒店室内设计中也要充分考虑其所处的区域环境和文化氛围，当然也可以差异化处理，通过色彩、纹样的元素创造异域风情的酒店风格，也是一种设计模式（见图4-174）。

②酒店具体使用空间的色彩设计。作为酒店的一些具体的使用空间，如大堂、客房、餐厅等空间，在色彩的搭配上也有很大差异。

图4-173 酒店休息区采用橙色地毯，在视觉上划分空间

图4-172 酒店走廊通过不同色彩的地毯划分空间区域

图4-174 某欧洲酒店走廊设计，色彩具有本土特色

a.大堂空间的色彩设计。首先，大堂作为酒店中最为重要的公共空间，是人们进入酒店后对整体空间的第一印象，也是奠定酒店风格主基调的主要场所，所以大堂空间的色彩设计要充分反映酒店的设计风格和定位。例如西方传统风格的酒店设计，一般会用到大量的深色木材质，以及大面积的暖色大理石材质，搭配华丽的墙面花纹和复杂的装饰线脚，彰显空间的典雅、奢华与沉稳的设计风格。而现代酒店大堂设计中色彩的选择更加多样，很多酒店会选择明度较高的色彩作为主色调，搭配对比强烈的色彩点缀空间细节，营造出轻松愉快、具有活力的空间色彩。当然，现在很多主题酒店色彩的选择也是根据主题需要来搭配的（见图4-175~图4-177）。

图4-176 欧式风格酒店大堂色彩设计

图4-175 现代酒店大堂色彩设计——深色大理石搭配古铜色金属

图4-177 现代酒店大堂色彩设计——白色主色调

其次，大堂的色彩不宜过多、过乱。大堂给人的第一印象非常重要，过多的色彩只会使空间更为混乱，破坏整体的空间氛围，使人的视觉重心过于分散，所以空间的主基调与点缀色的比例一定要着重处理，不要出现多种比例相当的颜色，以及明度过高或过低的主题色。当然，点缀色也可以使用一些高饱和度的色彩，能够起到活跃空间、营造视觉焦点的作用（见图4-178~图4-181）。

图4-178　某酒店大堂前台色彩设计

图4-179　色彩搭配和谐的酒店大堂设计

图4-180　某酒店大堂设计
木色与灰白色大理石作为主色调，绿植作为点缀色，起到了视觉焦点的作用。

b.客房空间色彩设计。客房空间在酒店中所占的面积比例最高，也是人们主要的休憩场所，具有一定的私密性。作为顾客主要使用的空间，客房空间的色彩设计应具备舒适性和美观性。一般情况下，酒店各个客房的室内色彩会采用统一的设计，这样既可以统一风格，也可以降低成本。但随着酒店业的发展，人们越来越不满足于单调的客房空间，所以很多主题性酒店会根据主题需要，为不同房间打造不同风格的室内设计，从而使人们入住同一酒店的不同房间也可以有不一样的视觉感受，但视觉变化丰富的同时也为客房设计增加了复杂性和高额的成本。如果在客房设计标准相对统一的情况下，利用色彩的变化创造不同的空间氛围，这样既可以赋予不同客房的视觉变化，还可以节约建造成本（见图4-182~图4-184）。

图4-181　某酒店大堂休息区色彩设计

图4-182　现代客房色彩设计1

图4-183　现代客房色彩设计2

客房室内色彩设计要注意以下几点。

第一，客房的色彩设计应符合大众的审美需求。酒店客房的使用性质决定了不同类型、不同性格的人都会使用客房空间，它与住宅空间最大的不同就是使用者不是长期固定的而是短时间不断变化的。而人们对于某些色彩存在共性，例如人们普遍对偏暖色调的客房空间更有好感，当然也不排除个例，所以在客房色彩设计时，主色调适宜选择具有共性的色彩组合，做到满足大多数人的视觉审美需求。有些客房虽然设计风格不同，但都是采用暖色调作为主题色，营造出温馨舒适的氛围（见图4-185~图4-187）。

图4-184　现代客房色彩设计3

图4-185　暖色调客房色彩设计1

图4-186　暖色调客房色彩设计2

图4-187　暖色调客房色彩设计3

图4-188 暖色调客房色彩设计4
以暖色灯光和色彩作为主色调的客房色彩非常受寒冷地区人们的欢迎。

第二，客房的色彩设计应考虑空间朝向与气候环境。客房作为以休憩为主的空间，室内光照也非常重要，若客房朝南，室内光照充足，在色彩设计时则可以选择明度较低的色彩搭配，减少过多的阳光反射；而对于朝北的客房，一般情况下会有光照不足的问题，室内环境比较偏暗，所以色彩设计时需要选择明度较高的色彩，如白色、米黄色等，增加光线的反射，从而改善室内的亮度。地域环境特点也是设计师在设计客房色彩时要考虑的因素之一。如在热带地区，若大量选择暖色调色彩对客房进行装饰，对于从室外炎热环境中回到客房的人们而言，暖色调空间反而会增加人们的燥热感，而使用冷色调的房间则会给人们带来舒爽、凉快的空间感受。相反，在寒冷地区，使用暖色调装饰的客房空间可以从心理上缓解人们寒冷的感受（见图4-188~图4-191）。

图4-189 暖色调客房色彩设计5

图4-190 冷色调客房色彩设计1
采用了大面积冷色调作为主题色彩，非常适合天气炎热的地区。

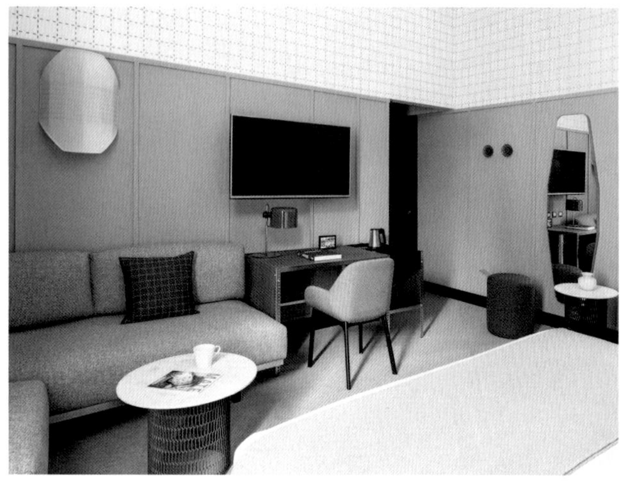

图4-191 冷色调客房色彩设计2

第三，客房的色彩应考虑地域文化的独特性。客房设计可以是大众化的，当然也可以是具有地域特色的。如果酒店本身处于地域特色浓郁的地区，酒店主题也应体现本土特色，那么在客房的色彩选择上也就需要考虑与地域特色相结合（见图4-192~图4-195）。例如在我国很多少数民族地区，酒店客房的色彩就具有地域代表性，如在维吾尔族地区酒店室内一般选择白色、米黄色作为主色调，搭配金色线条装饰，以及红色布艺家具等，这些都与维吾尔族本身的地域色彩特色有着一定的联系。

图4-192　维吾尔族风格酒店客房设计

图4-193　印度风格酒店客房设计

图4-194　伊斯兰风格酒店客房设计

图4-195　欧式风格酒店客房设计

图4-196 适合年轻人风格前卫的酒店色彩设计1

最后，客房的色彩也应与酒店的价格定位相协调。现代酒店的种类丰富多样，有豪华酒店、商务酒店、快捷酒店以及汽车旅馆等，价格档次千差万别，而色彩也是反映酒店定位的有效因素之一，例如豪华型酒店一般都选用高级、前卫的色彩搭配，而快捷酒店一般选择温馨、舒适的色彩搭配，营造亲切温暖的空间效果（见图4-196~图4-199）。

图4-197 适合年轻人风格前卫的酒店色彩设计2

图4-198 度假型酒店色彩设计

图4-199 豪华型酒店配色设计

c.酒店其他空间色彩设计。酒店空间中，除了大堂、客房外还有其他一些空间，如餐厅、酒吧、会议室、健身室等，色彩上可根据空间功能和使用时长的不同进行搭配设计。在短时间停留的空间中，如接待室或等候区等，可以采用色彩对比较强、颜色较为鲜艳的色彩，这样较强的视觉冲击力，既可以给人留下深刻印象，也可以产生加快节奏的心理感受，使得空间中的使用者不会长时间停留。而在一些客人需要长时间停留的空间中，如会议室、餐厅等，色彩的选择则会相对柔和、典雅，避免过度的视觉刺激，使得人们可以在长时间的使用中保持舒适、愉悦的心情（见图4-200~图4-202）。

图4-200　酒店多功能厅色彩设计

图4-201　酒店宴会厅色彩设计

图4-202　酒店餐厅色彩设计

d.餐饮空间的色彩设计。在其他条件相同的情况下，餐厅的色彩设计越来越成为吸引顾客的重要因素之一。餐厅的色彩设计可以营造氛围并激发顾客的胃口。颜色可以增加另一层感官刺激，并与嗅觉和食欲产生心理联系。有色彩设计师说过一句更为形象的比喻，“我们用眼睛吃饭”，这使得色彩成为餐厅设计成功与否的一个关键因素（见图4-203~图4-205）。

不同餐厅有不同的色彩选择。色彩可用于营造广受欢迎的餐厅形象，如高档餐厅、家庭餐馆或快餐店。大胆的原色，如红色、黄色和绿色，以及明亮的灯光，特别适合休闲餐厅或快餐店，因为它们需要快速周转。很多成功的快餐专营店都使用红色和黄色刺激食欲。具体而言，这些颜色可以刺激人们的味觉器官，对于一些快餐店的室内设计可以起到特殊的效果，明亮的红色和黄色可以营造快速的用餐体验（见图4-206、图4-207）。

图4-204 现代餐厅色彩设计2

图4-203 现代餐厅色彩设计1

图4-205 现代餐厅色彩设计3

对于一些高级餐厅而言，需要给顾客提供更为舒适和慢节奏的就餐环境，因此应选择柔和、微妙的颜色，既不太亮也不过重的色调，营造宁静、悠闲的氛围，让顾客可以更长时间地享受食物带来的乐趣。将红色、黑色和金色融入餐厅设计有助于树立高档时尚的形象。柔和的色彩不仅意味着轻松的用餐体验，还可以使餐厅空间变得更加优雅。选择褐色或者粉色系可以避免色彩对人视觉的过度刺激，从而为用餐者创造更舒适、慢节奏的空间体验（见图4-208~图4-211）。

图4-206　红色调餐厅室内设计

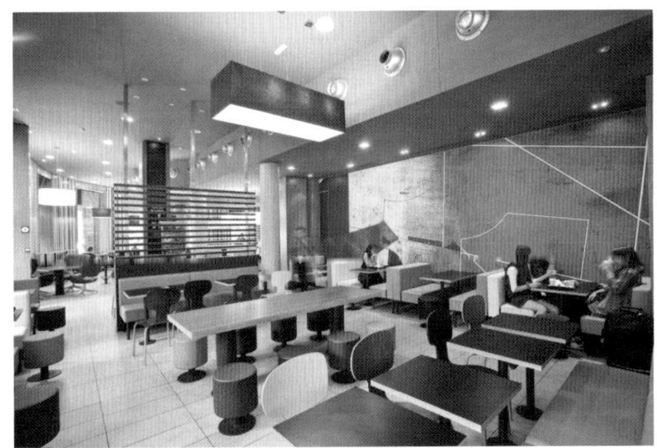
图4-207　快餐店多采用红色、黄色等促进食欲、加速行动的色彩设计

图4-208　黄色调餐厅室内设计

图4-209　绿色调餐厅室内设计

图4-210　蓝色调餐厅室内设计

图4-211　快餐店色彩设计

餐厅设计中，需谨慎使用某些色彩。餐厅的设计不仅仅是一个美学问题，它也是一种本能反应的问题。视觉和味觉都会受到色彩设计的影响。有很多漂亮的配色方案，如蓝色、紫色和黑色，但这些特殊的颜色用在餐厅色彩设计时并不是一个好主意。研究发现，这三种颜色都没有味觉吸引力。因此，具有蓝色、紫色或黑色配色方案的餐厅比使用其他颜色的餐厅更难以吸引顾客，需要谨慎使用（见图4-212~图4-214）。很多情况下，餐厅会使用大面积的白色作为背景色，虽然白色确实意味着清洁，但它并不能调动情绪，如果使用过多白色，餐厅的配色方案会显得单调乏味。

图4-213　餐厅深色调色彩设计

图4-212　餐厅混合色彩搭配设计

图4-214　餐厅对比色调色彩设计

思考与延伸

1. 除了书中列出的不同类型室内空间，试列出几种其他空间类型的色彩设计。
2. 简述家居空间中不同功能分区的色彩特征。
3. 简述影响酒店客房空间色彩设计的几类要素。

第 5 章　室内色彩设计的基本原则与方法

在室内色彩设计的过程中，根据不同空间的功能类型以及不同人群、不同地域等情况，对于色彩的选择也有所不同。色彩对于整体空间的基调和氛围的形成起着至关重要的作用，不能依据设计师的喜好而随心所欲。事实上，在进行室内色彩设计时，可遵循一些基本的设计原则，再根据实际情况做调整，充分发挥色彩对于空间的塑造作用，实现色彩与空间的完美结合。除了注意一些室内色彩设计的基本原则以外，熟练掌握和运用色彩配置方法也会提高室内色彩设计的效果。本章还将结合实际案例，对室内色彩设计的过程、步骤进行介绍，方便读者进一步了解室内色彩设计的流程。

5.1　室内色彩设计的基本原则

5.1.1 注重色彩的整体和谐

室内色彩环境的整体和谐是指色彩与室内其他视觉影响要素组合得很匀称，富有节奏感、韵律感。单一的色彩没有优劣之分，只有将多种色彩组合运用，并且互不冲突，才有利于整体环境的塑造。因配色组合所产生的视觉效果能够直接影响人的审美感受。好的色彩搭配能够给人带来愉悦的视觉享受，也较能够达到整体和谐的效果（见图5-1）。

色彩能够使人产生不同的联想，人们对于不同色彩的喜爱度也各不相同，因此，在设计室内色彩方案时，除了要考虑其对人的心理和生理的要求以及色彩对空间的作用之外，还需要体现室内整体环境的审美个性，使得空间色彩运用在整体上和谐。

图5-1　室内色彩搭配

各种室内设计风格，不管是北欧风格、现代风格、后现代风格、地中海风格、自然风格、混合型风格等的形成，是一个逐步发展的过程，通常与所属时代的社会、人文环境有着密切的联系，受特定时期的历史、文化、社会发展等因素的影响。一种成熟的室内设计风格，其用色、选材、陈设、装饰等都有鲜明的特征，它的设计手法、空间界面做法以及家具陈设的布置等都有规律可循，可以作为相关室内设计的参考依据。但是，对于室内空间的设计而言，切忌千篇一律，以及毫无创意的抄袭、模仿。色彩的运用，应尽可能塑造出室内环境所需的整体氛围，也需与建筑的整体外观风格相统一。值得注意的是，室外色彩的反射、色彩的叠加效应等都会影响室内色彩环境的和谐（见图5-2~图5-4）。

室内色彩设计不仅应与室内整体设计风格相统一，还应与建筑外观、色彩、风格相呼应，同时应注重与周边建筑、自然环境及基础设施等相协调，尤其对于乡村建筑群体而言更显重要（见图5-5）。

图5-3 北欧风格客厅室内色彩设计

图5-2 后现代风格卫生间室内色彩搭配

图5-4 现代风格书房室内色彩搭配

图5-5　室内色彩设计应与建筑外部环境相呼应

5.1.2 确定整体空间的色彩基调

无论空间大小、空间结构或是陈设如何变化，室内空间中都需要一个色彩主色调。主色调不仅能够体现空间的整体氛围，还能衬托和陪衬室内装饰物。主色调的选择是确定空间整体效果的重要步骤，良好的空间布局配以杂乱无章的色彩也会是失败的空间设计。主色调在空间中一般占较大比例，应明确且重点表现，在此基础上考虑次色调的协调，并进行局部色彩搭配。空间色彩主色调受明度、纯度、色相以及颜色面积比等要素的影响，在确定主色调后，可根据室内环境的视觉需要，采用点缀色来强调一些室内物体或界面。主色调与点缀色的搭配应注意彼此之间的比例及色彩关系，做到主次分明、色彩协调、彼此呼应，使色彩统一和谐且富有变化（见图5-6~图5-9）。

室内环境中的主色调不仅能反映空间的功能性，还具有营造空间氛围基调的作用，具有空间情感表达的效果。一般来说，大面积的背景色可作为空间的主色调，而为了营造强烈的视觉冲击力，也可以将墙面或者顶面做重点色处理，以营造独特的环境氛围。在思考空间的主色调时，还应与外部环境相协调（见图5-10、图5-11）。

图5-6　墨绿色为主色调的客厅色彩设计

图5-7　粉色为主色调的室内空间

图5-8 灰色调为主的客厅色彩设计

图5-9 原木色为主色调的卧室空间设计

图5-10 重点色与背景色营造的独特视觉氛围1

图5-11 重点色与背景色营造的独特视觉氛围2

5.1.3 符合空间功能需求

室内环境多由不同的功能空间组成，因此，色彩设计必须符合空间功能需求。有的空间用来展览、演出、商业活动，有的空间用来休息、讨论、娱乐。办公空间还包括公共办公区、独立办公区、会议室、会客区、公共休息区、接待区等，便于满足不同人群的使用需求，而这些空间当中的色彩就必须有所区别。色彩具有显现空间特征、性格的作用，它能够塑造不同的空间氛围，满足不同人群的生理和心理需求。如在住宅空间中，依据卧室、客厅、厨房、书房等不同空间的功能异同，结合使用人群，选取能够体现空间功能的色彩设计。如商场空间中对于商品的展示，需要体现物品的真实度，所选用的色彩不宜导致商品失真，同时，在陈列物品繁多的空间中，为了便于人们第一时间找到所需物品，空间的界面色彩最好采用无彩色系或低饱和度的颜色（见图5-12~图5-15）。

图5-13　居住空间的色彩设计相对柔和，对比较弱

图5-12　办公空间的色彩明快，具有一定的导视功能

图5-14　医疗空间的色彩设计一般都较为明亮，色彩明快，适合医护人员与患者的使用

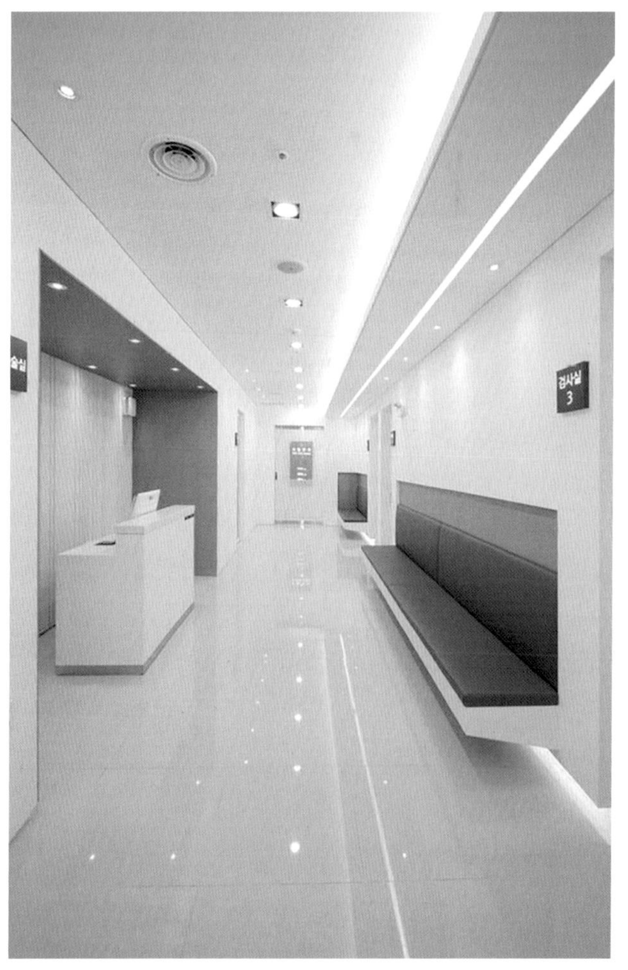

图5-15 商业空间的色彩设计需要充分考虑其使用功能

总之，功能差异决定了色彩的差别，需根据空间功能进行色彩选择。色彩具有强化或弱化空间的功能，其目的都在于给空间使用者带来全新的体验，这也是色彩设计与室内空间最基本的联系。在室内色彩设计前，设计师首先要了解空间的定位、实用功能、适用人群，以及使用者的个人喜好和审美要求，在确定这些空间最基本的属性之后才可以进行色彩方案的配置和组合设计。

5.1.4 尊重差异规律

人们对于色彩的偏好往往受其性别、年龄、人生阅历、文化修养、教育水准等客观因素的影响。甚至在不同的季节、不同的处境，人们对于色彩的感情也不尽相同。比如，老年人一般喜欢对比较弱且稳重、淡雅的色彩搭配，有利于保持平和的心态；年轻人较喜欢对比强烈、明快的色彩搭配，以此来传达年轻人个性化心理与追逐潮流的理念；儿童一般喜欢纯度较高、色彩丰富的室内环境（见图5-16~图5-18）。

对于设计师来说，在室内色彩的选择上，首先必须了解空间服务群体的差异性，了解他们对色彩的不同需求。如在为个人进行室内设计时，应在符合基本色彩设计原则的基础上，更加关注和了解业主个人对于色彩的偏好。在进行公共空间的室内设计时，设计师对于环境的塑造不能以偏概全，应注意考虑以下两个方面。

图5-16 儿童活动室色彩设计

（1）尽可能多地考虑“大多数人”的喜好

公共场所的使用人群各式各样，情况复杂。设计师在运用色彩塑造空间环境氛围时应尽可能考虑大多数人的审美习惯，而不能以某一部分人群的喜好为准。所谓大多数人的审美习惯，应在设计前做调查分析，对可能使用场所的人群个性、情感进行分析、研究，结合已有的实践经验及不同人群对色彩的使用习惯，然后综合设计能够符合大多数人的心理需求的色彩环境（见图5-19）。

图5-18　现代办公空间色彩设计

图5-17　适宜老年人审美的室内色彩

图5-19　室内色彩设计应符合大众的审美需求

图5-20 某会议室色彩设计

（2）发挥设计师的主观能动性

在室内设计中，设计师要对室内整体效果进行把控，对于色彩的选择要有典型性和代表性，能够经得起时间的考验。对于公共空间中室内色彩的运用，除了符合大多数人的审美需求外，还应在某种程度上起到提高大众审美意识的作用，这就需要设计师具备专业的眼光，不断创新，在适应当前空间需求的同时具备超前的设计意识，使其设计作品可以长久保持较高的设计水准和审美需求（见图5-20）。

兼顾大多数人的审美需求是室内设计基本规律。但是不同民族、不同地域的人们由于生活习惯、传统习俗和历史文化的差异，其审美要求也不同。因此，在室内设计中，不仅要合理运用色彩的基本特征和原理，还要考虑不同地域、风土人情、自然条件的差异对色彩偏好造成的影响（见图5-21、图5-22）。

图5-21 日式风格室内色彩设计

图5-22 欧式风格室内色彩设计

5.2　室内色彩的配置

在室内环境中，色彩的组合不仅仅是简单的拼接和叠加，而是要熟知空间环境之间的色彩关系和色彩特征，通过色彩之间的相互影响来反映一个完整的室内设计。好的室内色彩设计需要和谐统一，与整体环境相融合，也就是说色彩是空间构成中的一个组成部分，完整的室内空间离不开色彩，而不能为空间服务的色彩也没有任何价值。空间构成包括平面、立体和色彩构成三部分，这三大要素对于空间的塑造都起着关键的作用，每一部分的表达都能形成独特的空间特征。色彩作为室内空间中重要的视觉要素，除了其自身功能、特征、属性外，色彩的多样性以及情感的表达还需要依托空间结构、功能、形式等因素来呈现。空间环境是室内色彩的载体，室内色彩必须依附于空间环境中，才能发挥其真正的作用和价值。此外，室内色彩并非是简单的涂料和粉刷，而是由多种材料肌理、灯光综合而成的效果。因此，在总结归纳室内色彩配置时，必须综合考虑空间结构、灯光照明以及不同材质肌理在室内色彩设计中起到的作用（见图5-23~图5-25）。

图5-23　室内不同材质的色彩表达

图5-24　室内色彩与灯光的搭配组合

图5-25　色彩与空间结构的搭配

要做到室内色彩设计的和谐统一，必须注意以下三个要点。

①色彩视觉要平衡。所谓色彩视觉要平衡，就是指空间中的色彩要做到视觉均衡，不能出现配色过重或过轻，或者冷暖搭配失调等。

②色彩分布要有序。色彩分布要有序是指室内空间中的色彩搭配要有一定的规律可循，可以是明度或纯度的递进变化，也可以是对比色或者互补色的组合。总之，色彩的组合是要有规律可循的，不能是盲目地叠加和拼贴。

③色彩面积要有比例。室内环境中，通过不同比例的色彩搭配组合，可以形成背景色、主体色以及重点强调色等元素，而这些元素对室内空间的色彩氛围营造起着主要的作用（见图5-26、图5-27）。

5.2.1 强弱对比的色彩配置

根据色彩的特征和属性，我们可以将色彩主观地进行归类，包括色相、明度以及纯度。其中色相的对比是最为显而易见的，这是由于各种色彩的色相存在不同差异所产生的对比。我们可以在色环中根据不同色彩的位置，大概确定其对比关系，例如红色和绿色位于色环的对角位置，它们的组合可以产生强烈的对比效果，此类强对比色也可以称之为互补色的关系，因此互补色的色彩搭配在室内设计中一般用于表现强烈的对比效果。而在色环中，两个相邻的色彩，如黄色和黄橙色在色环中处于相邻位置，组合的对比关系比较柔和，也可以称之为同类色。在室内环境中，使用同类色搭配可以把控空间的整体色调，使空间和谐统一。

（1）对比色的色彩配置

在色环上处于相对位置的颜色可以称为对比色，比如红色与绿色、蓝色与橙色、黄色与紫色都是最基本的对比色组合。在室内空间中对比色作用非常多样，既可以提高空间视觉冲击力，也可以作为空间中视觉中心色彩，还可以作为点缀色来营造室内空间轻松愉悦的环境氛围。首先，就空间结构而言，对比色的组合可以起到划分空间的作用，也可以突出视觉色彩，在室内空间中起到导视的作用。为凸显空间中某些结构部件也可以使用对比色，如楼梯、吊顶等，在突出空间节点的同时也可以增添空间的趣味性。其次，对于室内各界面色彩而言，对比色的组合可以增强空间的色彩强度，给人带来更强的视觉冲击力，使空间环境更为醒目特别，具有一定的识别性（见图5-28~图5-31）。

图5-26 冷色调背景色与暖色调前景色的色彩搭配组合

图5-27 对比色室内色彩设计

图5-28　对比色为主的室内楼梯设计

图5-30　对比强烈的色彩组合也具有导视功能

图5-29　对比色刻意营造特殊的空间氛围

图5-31　某卧室室内色彩设计

在室内空间中使用对比色时，各个色彩运用的比例多少、面积大小都会对整体室内的视觉感受造成影响，只有色彩的比例搭配达到一个平衡点时，室内环境的视觉感受才会较为和谐。互补色的搭配，可以在很大程度上刺激人的视觉感官，也可以调动室内的色彩活力。但长时间高强度的色彩刺激，也会对人的心理造成压力，因此互补色的使用要格外注意，不宜在卧室、休息室等停留时间比较久的私密空间中过多使用。而适量的对比色在短时间停留的空间中，可以在一定程度上提高人们的积极性和注意力，可以在一些公共活动、讨论室等空间中使用，特别是儿童活动空间。研究发现，在儿童阶段色彩鲜艳、对比度高的色彩有助于大脑发育，所以在设计儿童室内空间时可以考虑对比色的使用（见图5-32）。

图5-32 某儿童活动空间

在室内空间中色彩的搭配比例过大时，其对比关系就会减弱，室内整体色调会偏向某一种颜色。一般情况下面积比例较大的色彩可以作为空间中的主体色以及背景色，起到控制室内整体色调和衬托装饰陈设的功能，而面积比例较小的色彩在空间中可以作为重点色和标志性色彩，营造视觉焦点，表达个性化空间，也可以作为指示颜色，起到导视的作用（见图5-33、图5-34）。该类色彩搭配在室内色彩中较为常见且应用广泛，从室内的空间界面、陈设以及装饰等要素都有涉及。

图5-33 背景色与重点色的搭配可以营造视觉重点

图5-34 对比强烈的色彩搭配设计具有交通引导功能

①空间与空间的对比色。一个室内空间基本是由三个界面组合而成，一般包括地面、四周围合的墙面以及顶面这三个要素，通过界面三要素可以得到基本固定的空间范围和空间边界。而在室内色彩设计中，四周围合的墙面面积在空间中比例最大，因此为了强调空间的立体效果，三个界面的色彩关系可以采用对比强烈的色彩搭配，如两者相接的顶面与墙面采用对比强烈的色彩或者地面与墙面采用强烈的对比色彩，都可以起到强调空间结构的效果（见图5-35、图5-36）。

②空间与室内陈设的对比色。陈设是构成室内空间的重要组成部分，其具有较高的灵活性，且种类繁多，功能各异，所以与空间界面相对稳定的色彩相比，陈设的色彩变化较多，其数量的多少、视角的差异，都会影响其在空间中的色彩表现。当然陈设与空间界面的色彩关系也必须相呼应，而空间界面与陈设的对比色搭配，则可以增加视觉上的空间层次，让空间色彩更为生动。

一般情况下，陈设的色彩需根据空间主色调进行搭配，如根据空间界面色彩的选择，通过色彩对比原则确定陈设的色彩（见图5-37、图5-38）。

③陈设之间的对比色。陈设种类很多，家具、装饰品、布艺制品、室内植物等都属于陈设，大多数的陈设都不是固定在空间中的，灵活度较高，除了个别需要特别严谨的搭配和摆放以外，其他陈设都可以根据使用者或设计师的喜好进行布置。由于陈设的造型、材质、风格都不尽相同，有时会使得整个空间的形式感也不能统一，因此，通过色彩的对比搭配起到调和室内色调的作用，营造秩序美（见图5-39、图5-40）。

图5-35　空间界面色彩设计1

图5-36　空间界面色彩设计2

图5-37 空间与室内陈设的对比色设计1

图5-38 空间与室内陈设的对比色设计2

图5-39 陈设之间的对比色1

图5-40 陈设之间的对比色2

（2）非对比色的色彩配置

非对比色可以理解为是对比较弱的色彩搭配关系，也可以叫做类似色或者相近色。一般情况下，在色环上，类似色都是相邻或相近的位置，90° 以内的色彩都可以称为类似色，例如绿色、黄绿、黄色、黄橙的组合可以看作是类似色。由于类似色的搭配过渡平缓、自然、和谐统一，所以在室内空间色彩设计中也是最为常用的一种形式。类似色固然好用，但是也需要进行合理的协调搭配，在室内空间类似色的使用中，主要是由色彩的明度、纯度和色彩之间的面积比例决定整体室内色彩氛围。因此，需要对类似色的明度、纯度和面积比例三个要素着重说明。

①明度对比是色彩的明暗程度的对比，也可以称为色彩的黑白度对比。色彩之间明度差别的大小，可以决定明度对比的强弱。在室内空间中，色彩明度的变化可以增加墙面、陈设物等之间的前后关系，丰富室内空间层次（见图5-41、图5-42）。

图5-41　明度对比色彩搭配1

②纯度对比可以理解为色彩之间由于相互叠加组合，导致饱和度较高的色彩产生浊色。色彩纯度的变化除了纯色之间相叠加外，黑、白、灰三种颜色也可以影响纯色的饱和度变化。室内空间中，色彩纯度的变化可以影响空间的情感基调，纯度较低的色彩搭配会使得空间显得厚重沉稳，纯度较高的色彩则更适合儿童、青少年等活动空间（见图5-43、图5-44）。随着人们的视觉切换，能够形成若干个空间画面，每一个画面中色彩关系的对比、色彩面积比例的差异等都能够直接影响到人的视觉感知。空间中由于色彩明度、纯度、色调、面积比例等的不同，可形成不同效果的画面组合。

③色彩的面积比例对比，是指室内空间中不同要素色彩面积的比例关系。在一个室内空间中，随着人们的视觉切换，能够形成若干个空间画面，每一个画面中色彩关系的对比、色彩面积比例的差异等都能够直接影响人的视觉感知。空间中由于色彩明度、纯度、色调、面积比例等的不同，可形成不同效果的画面组合。空间中运用类似色的色彩搭配，是弱化对比色的一种方法。弱对比不是说没有色彩对比关系，而是不会有强烈的色彩差异，但又可以通过一定的微弱对比将不同色彩区分开来，而类似色的这种弱对比关系，不会对视觉产生较大的刺激，更为平和稳定，更容易被大部分人所接受，同时随着明度和纯度的不同变化，让室内空间的色调变化更为细腻（见图5-45、图5-46）。

图5-42　明度对比色彩搭配2

图5-43 相似色的色彩组合搭配设计1

图5-44 相似色的色彩组合搭配设计2

图5-45 弱对比色彩配置设计1

图5-46 弱对比色彩配置设计2

5.2.2 数量比例变化的色彩配置

在室内色彩设计中，设计师可以通过色彩数量的变化来表达其设计意图。色彩对心理的影响是显而易见的，但很多情况下，人对于所处的室内空间都能产生视觉感受和心理感受，但却无法准确描述到底是什么因素影响人的复杂的生理和心理感受。大众对于一个空间色彩的描述，大都比较粗略宏观，能够说出空间的色彩倾向或是主题色调等。实际上，从人们简单的描述可以得出色彩数量的不同，会影响人们对于空间整体色调的判断。色彩在室内空间的数量变化会直接影响整个空间的色彩基调和情感基调，是空间最终结果呈现的重要指标因子。

（1）单色系的色彩配置

室内空间中的色彩配置很少会只采用一种色彩，即便是一个色系或色调下的室内空间色彩搭配，也会因为明度、纯度等因素的变化而产生色彩变化。协调统一的色调能够凸显出空间的秩序感，这样的色彩搭配不仅能够突出色彩的作用，也能表现出空间的个性。统一的色彩搭配称为主色调调和，在室内色彩设计中，主色调调和是以某一种色彩作为空间的主色调，来确定室内空间的色彩基调。空间中色彩的主基调是由空间界面、空间物体的颜色、灯光的色彩等要素所带来的综合感受。一个好的室内色彩空间，不仅要注重色彩的对比关系，也要把握空间的色彩基调，注重色彩平衡。统一色调下的色彩搭配会营造一种奇特的空间体验。单色系的色彩搭配可以某一色彩为色调基准，对于空间其他色彩的选择，可以通过纯度、明度的细微差异搭配出一个统一色调的空间感受。色调的统一搭配，不仅可以营造有条理有秩序的色彩空间，也可以增加室内陈设的趣味性，使看似毫无关联的陈设与空间的联系更加紧密，增强两者之间的互动性（见图5-47、图5-48）。

图5-47　单色系的色彩配置设计1

图5-48　单色系的色彩配置设计2

（2）双色系的色彩配置

双色系的色彩搭配，可以看作是把两个面积比例比较接近的色彩作为室内空间的主导色。其中，对比色、类似色都可以运用于双色系的搭配方式。其给人的视觉感受是在一个室内空间中两种色调的交互体验，富有戏剧性和视觉冲击力。

两个物体之间可以通过形状的不同来区分边界，而色彩恰恰可以在视觉上打破这种常规的界面划分。大多数的室内色彩设计都作用于独立的个体，通过色彩来区分不同物体和界面，而随着室内设计的发展，越来越多的设计师尝试用色彩来模糊不同界面和物体之间的边界，创造新的视觉效果，双色系的色彩搭配就是很好的选择。如图5-49中色彩的运用完全颠覆了室内空间中对室内界面以及陈设形态的束缚，而是运用色彩重新定义室内空间结构，创造全新的视觉体验。在这样的环境氛围中，或许更能够让人感受到设计师所要传达的空间情感。

在室内空间中，色彩的使用数量决定了人们对于空间的视觉体验，因此在两种色彩的选择上一般选用冷暖色调和的组合关系，或者冷暖色与中性色的组合以及中性色之间的组合关系（见图5-50、图5-51）。

（3）多色系的色彩配置

人们对于色彩的感知和认识是因人而异的。曾经有研究者针对不同年龄阶段的人群做过实验，在若干个蓝色三角形和红色正方形中归类出图形相似的一类，结果只有一部分年龄较小的实验者会根据色彩的差异来选择物体，而绝大部分实验者都是根据形状的差异做出选择。实验结果表明，物体形状的差异在人们认知一个物体时占据主导作用，而色彩上的差异对于形状辨别度较低幼儿更具有吸引力。由此可见，如何更好地利用色彩构成为空间服务，并能够被人们所理解和欣赏并非易事（见图5-52、图5-53）。

图5-49 通过色彩模糊物体边界

图5-50 双色系的色彩配置设计1

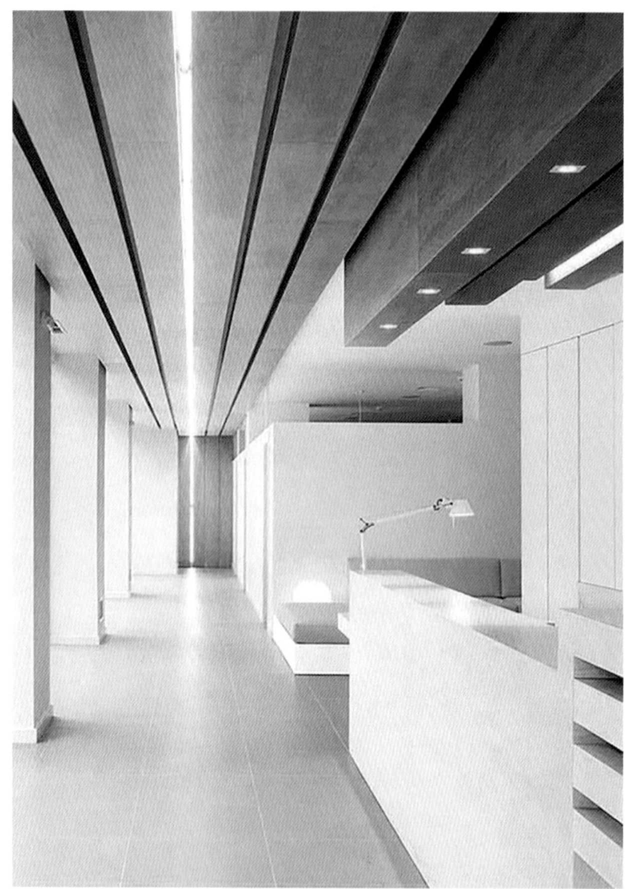

图5-51 双色系的色彩配置设计2

5.2.3 无彩色系的色彩配置

（1）白色调的色彩配置

白色具有很强的包容性和调节色彩的能力，是一种较为稳定的色彩选择，其在室内空间色彩搭配中方式多样，不容易出错，所以应用非常广泛。但是白色空间的搭配也最为考验一个室内设计师的功底，想要设计出一个令人满意的白色室内空间也需要一定的色彩搭配能力。通过大量案例研究，空间中对于白色系与有彩色系的搭配有以下几种方式。

①单纯的白色调室内搭配。这类空间的视觉体验较为单一，特点也很明显，通常空间界面简约大方，搭配以白色为主的陈设，空间的结构层次仅仅依靠界面及物体的边界来区分，同时材质的变化也会增加空间的细节程度。在后现代白色派中经常可以看到此类空间，虽然空间层次比较单薄，但会营造一种浑然一体、一尘不染的视觉感受（见图5-54、图5-55）。

图5-52　多色系的色彩配置设计1

图5-53　多色系的色彩配置设计2

图5-54　纯白色调室内色彩1

图5-55 纯白色调室内色彩2

②白色与少量有彩色的搭配。该类空间以白色为主基调，点缀少量彩色，空间感受较为舒适，给人以清新淡雅之感，在现代公寓室内设计中较为常见，而且少量色彩的选择也会采用明度较高、饱和度较低的色彩搭配白色，材质也会以自然为主，如原木色、浅咖色、粉绿色等，给人以舒适自然的视觉感受，使人在空间中较为放松。如果采用明度较低、纯度较高的色彩与白色搭配，则会增加室内色彩的对比关系，丰富空间层次，活跃空间气氛，但容易对人视觉造成刺激，不宜在长时间居住的空间中使用（见图5-56、图5-57）。

③白色与多种色彩的搭配。空间中出现较多的有彩色时，白色可以起到调节、协调色调的作用。白色作为主体色，可以将空间中看似无序的色彩联系起来，缓解高纯度色彩给人眼造成视觉压力。同样白色也可以作为背景色来烘托强调环境中的有彩色物体（见图5-58、图5-59）。

图5-56 白色与少量色彩搭配的室内空间1

图5-57 白色与少量色彩搭配的室内空间2

图5-58　白色与多种色彩搭配的室内空间1

图5-59　白色与多种色彩搭配的室内空间2

（2）灰色调的色彩配置

长期以来，白色一直作为空间中的主色调被人们广泛使用，而现代室内设计师却越来越多尝试用灰色来传达自己的设计理念。学绘画的同学常会自豪于自己的画作是高级灰，甚至有人认为高级灰运用得好坏与否会直接影响一幅画的气质。气质现在已不仅用在人或者画作上了，空间色彩也讲究气质。灰色介于白色与黑色之间，它既拥有白色的清新脱俗，也拥有黑色的沉稳内敛，不仅如此，灰色的丰富变化所创造的朦胧美也是黑色、白色所不能比拟的。在室内空间色彩设计中，灰色调将无彩色的运用推向了另一个新高度。

根据大量的案例分析，对于灰色调在室内空间中的应用总结归纳出以下几点。

①灰色调与少量有彩色的搭配。灰色调本身具有独特的朦胧感，所以当少量有彩色与灰色搭配时，不仅可以起到统一空间色调的作用，还可以营造一种特殊的空间气质。灰色空间搭配少量有彩色，可以使空间更富有生机与活力，灰色还可以将有彩色物体烘托得更为突出（见图5-60、图5-61）。

图5-60　灰色调与少量有彩色搭配的室内空间1

图5-61　灰色调与少量有彩色搭配的室内空间2

②灰色调与多种有彩色系搭配。对于多种有彩色与灰色搭配，灰色对于空间的调节作用则更加明显，无论是纯度较高的色彩还是低纯的色彩都可以很好地融入灰色空间中（见图5-62、图5-63）。

图5-62 灰色调与多种有彩色系搭配的室内空间1

图5-63 灰色调与多种有彩色系搭配的室内空间2

（3）黑色调的色彩配置

黑色与白色可以理解为无彩色系的两端，虽然两者的属性相同，但是应用在室内环境中的效果却显然不同。根据人的生理和心理特征以及长久以来的生活方式，人们往往喜欢在明亮的环境中生活，而无法在黑暗的环境下活动。历史经验和科学层面都表明人不适合在黑暗的环境中工作生活，所以黑色在室内色彩中的应用也尤为谨慎。但是只要合理地选择和搭配，黑色在室内空间中也会散发其独特的魅力。根据黑色的独特属性及案例分析，黑色调的搭配也可以归纳为以下几点。

①全黑色的色彩搭配。全黑色的色彩搭配在生活中的室内空间中较为少见，因为大面积的黑色会使人产生压抑不安的情绪，甚至很多人对黑暗的环境有恐惧心理。与全白色空间相同，全黑的室内空间结构也是通过界面、物体以及物体材质之间的区别进行划分的，空间层次也较为单薄。所以一般全黑色设计在一些实验空间或者娱乐空间等特殊的空间中才会应用。

②黑色与多种有彩色搭配。黑色与多种有彩色搭配在日常生活中也比较少见，只有少数空间和人为了追求黑色独特的视觉感受而选择大面积使用黑色，不过这也印证了各种色彩的个性化表现和需求（见图5-64~图5-66）。

室内空间中的无彩色系搭配，不仅是黑、白、灰三种色彩的面积配比，同时也是色彩在空间界面与物体上的灵活组合。黑、白、灰可以独立存在，也可以和谐共融，介于黑、白色之间的灰色具有明显的过渡作用，可以看作是无彩色系搭配的“纽带”，而且黑、白、灰的对比色搭配，也是色彩设计史上经久不衰的组合之一。

图5-64　黑色与多种有彩色搭配的室内空间1

图5-65　黑色与多种有彩色搭配的室内空间2

图5-66　黑色与多种有彩色搭配的室内空间3

5.3 室内色彩设计方法

5.3.1 室内色彩的构成

在室内色彩设计的过程中，大致需要考虑以下三个方面：注重背景色的运用，作为大面积的色彩，用以烘托或衬托室内环境中的某些物件与陈设；在背景色的衬托下，明确室内环境中的主体色；合理选择室内重点装饰和点缀物品用以作为重点色或强调色。

在室内色彩运用之前，应首先考虑该空间中主体色、背景色以及重点色这三者的关系。如背景色的确立，背景色在空间各个色彩中是相互存在的，有前景才会有背景，背景色不能独立存在。假设室内的墙面是与其相邻的展示柜的背景色，而展示柜则又是柜中艺术品的背景色。对于柜中艺术品而言，墙面是大背景，而展示柜是小背景。在很多室内色彩设计时，空间界面的色彩选择不一定是一种单一色彩的运用，很多时候是多种色彩的交叉叠加运用，前景和背景的关系也会随着场景的变化而发生转变，因此在设计时要引起重视。色彩的统一与变化，是室内色彩构成的基本原则。在室内色彩设计过程中，应着重考虑以下几个方面。

（1）主色调

室内色彩应有主色调、次要色调以及重点色等要素。主色调是给人的第一直观感受，如空间冷暖、环境氛围、色彩风格都是通过主色调来体现的。尤其是在大面积的室内空间中，更应该把控色彩的主色调。主色调是整个空间色彩的基石，只有在确定主色调的基础上，再进行重点的、细节的色彩设计，同时应与主色调相呼应且有规律可循。主色调的确定是色彩设计中最为重要的环节之一，它会影响整个方案的色彩倾向和色彩选择，因此主色调必须切实反映空间需求和主题特色，通过色调的选择表达空间氛围，或热烈或冷峻，或朴实或奢华，在方案设计中应仔细选择慎重决定（见图5-67~图5-69）。

图5-67 暖色系为主色调的室内空间

图5-68 冷色系为主色调的室内空间

图5-69 中性色系为主色调的室内空间

（2）整体色调的统一协调

主色调确定以后，就应该考虑空间中的次要色调、重点色与主色调的关系和比例搭配。主色调在空间中一般会占有较大比例，而次要色调和重点色的比例较小，其他色调的选择可以与主色调是类似色、同一色系或是对比色等。总之，整体色彩要有相互性、联系性，共同促成一个和谐统一的整体（见图5-70、图5-71）。

（3）充分展示色彩的魅力

背景色、主体色、重点色三者之间的关系并不是一成不变的，在项目中要根据实际情况灵活运用，如果一味地运用固定搭配模式，生搬硬套，必然会缺乏创新，与空间环境格格不入。所以，在色彩搭配中，既要遵循色彩比例关系、色彩配色的基本规律，又要有明确的图底关系、层次关系和视觉中心，但又不能完全照搬，应根据实际情况，灵活运用重复或呼应、对比色或类似色等色彩设计方法，这样才能达到色彩的统一与和谐，充分展示出色彩独有的魅力（见图5-72、图5-73）。

图5-71　空间中色彩的协调搭配2

图5-72　不同色彩配比的室内搭配

图5-70　空间中色彩的协调搭配1

图5-73 背景色与重点色的组合可以营造独特的视觉空间

5.3.2 室内色彩设计的方法

室内色彩设计可概括为以下几个步骤：资料收集—了解方案—前期概念设计—色彩构成和基本配色方案—色彩模拟调试阶段—最终色彩细节调整—施工材料色彩的确认。表5-1为室内色彩设计的基本步骤。

表5-1 室内色彩设计的基本步骤

<table>
<tr><td rowspan="4">前期设计策划</td><td>设计条件及要求梳理</td><td>1. 了解业主要求
2. 概括方案设计理念
3. 整理原有场地设计图纸
4. 制定设计方案计划表</td></tr>
<tr><td>原有场地调查</td><td rowspan="3">1. 色彩调研
2. 色彩调研结果数据化
3. 提出核心概念
4. 归纳色彩的主题词
5. 色彩初步设计，制定标本色卡</td></tr>
<tr><td>前期分析</td></tr>
<tr><td>概念方案的确定</td></tr>
<tr><td rowspan="4">色彩设计</td><td>色彩构成</td><td rowspan="4">1. 装饰选材的色彩选样
2. 色彩系统设计
3. 色彩模型制作
4. 色彩方案展示
5. 与甲方确认色彩设计内容</td></tr>
<tr><td>配色设计</td></tr>
<tr><td>试验</td></tr>
<tr><td>展示</td></tr>
<tr><td rowspan="2">色彩管理</td><td>色彩样本认定</td><td rowspan="2">1. 装饰选材色彩确认
2. 施工现场色彩调整
3. 施工现场色彩监管</td></tr>
<tr><td>色彩施工管理</td></tr>
</table>

思考与延伸

1. 归纳室内色彩配置的不同类型及其特征。
2. 室内色彩设计过程中，应注意哪些方面？

第 6 章　室内色彩设计表现

设计师在色彩设计的过程中，需要将自己的设计意图以及设计理念通过一些方法和手段进行呈现，以便于在设计阶段更好地推敲和完善设计方案。本章介绍对设计表现的概念、作用、特点以及室内色彩表现技法与运用等方面的内容，能够使设计师更好地掌握室内色彩表现技法。

6.1　室内设计表现的基本知识

6.1.1 室内设计表现的概念

室内设计是通过室内效果图来呈现的。效果图是通过图像或画面来表现空间环境设计思想和设计理念的视觉传递技术。由于科技的进步和发展，效果图的种类也越来越丰富，包括传统的手绘效果图、电脑制作效果图，以及近年来兴起的VR（虚拟现实技术）全景效果图等。人们通过越来越多的表现方法来展示和传达设计理念与内容。无论是哪一类效果图，在绘制或制作过程中，对所表达内容的比例、尺寸、体量关系、虚实对比、空间结构、色彩表现、材料质感等方面都有严格的要求。效果图是科学性与艺术性结合的具体表现。随着社会的进步和设计的发展，效果图在室内设计中的作用也越来越重要（见图6-1~图6-3）。

图6-1　室内手绘效果图

图6-2 电脑渲染效果图

图6-3 VR全景效果图

图6-4 电脑渲染室内效果图
可以清楚地反映空间结构和材质的变化。

设计的形象思维是设计师传达设计理念的载体，而形象思维有时是极其复杂的，虽然可以提供很多具体的数据和信息，但不同的人对其形象的理解和感受都会有所差别。尤其是在室内设计中，形象思维是不能够准确表达空间结构、色彩、材质等内容的，因此就需要通过效果图来准确地了解设计内容，以及通过效果图对设计方案做出进一步判断（见图6-4、图6-5）。

效果图是设计师对于空间环境的综合反映，是客观事实中还未存在的构想图形。在建筑设计、景观设计、室内设计、工业设计等领域，效果图是必不可少的表达方式。设计师可以通过不同的表现形式如手绘效果图、电脑模型效果图等来传达自己的设计理念。

效果图是一种描绘近似真实环境的表达方式。手绘效果图与电脑模型效果图在室内设计中最为常见。手绘效果图绘制时间较短，便捷且表现力强，一般是在方案之初可以体现对设计的基本构想和理念。手绘效果图通过精准的透视图手法和高度概括的表现技巧，将设计师构思的三维空间转换为二维空间，是设计方案表达中重要的组成部分（见图6-6、图6-7）。电脑模型效果图可以更为真实准确地反映设计方案所要呈现的效果，包括灯光照明、室内明暗、材质质感等都可以做到与客观现实相接近，这些是手绘效果图所不能达到的。但电脑模型效果图的制作相对于手绘表现要更加费时费力，制作时需要设计师对方案有较为详细的构思和数据，因此电脑模型效果图更多地用于中期的方案推敲和后期设计完成的效果表现（见图6-8、图6-9）。

图6-5 效果图可以把抽象的思维具象化

图6-6　客厅设计手绘效果图1

图6-7　客厅设计手绘效果图2

图6-8　餐厅设计电脑模型效果图

图6-9　住宅室内设计电脑模型效果图

6.1.2 室内效果图表现的作用

室内效果图表现的作用可以从两个方面理解。首先，从设计者的角度来说，设计者通过效果图可以将自己的设计意图和设计构想准确地反映在效果图中，并且通过模型效果不断推敲和完善设计方案。其次，对于施工方和业主而言，效果图能够清晰形象地传达设计者的设计意图，相比技术图纸更加直观，可以辅助施工方更好更准确地完成方案建设，而业主也可以通过效果图直观明了地理解方案最终的呈现效果，作为对设计质量的一个重要判断依据。

另外，在设计方案的整个过程中，手绘效果图与电脑模型效果图通过其各自的优势，在室内设计的各个阶段都可以起到重要作用。

①在设计初期阶段。由于手绘效果图具有快速、灵活等特点，运用手绘效果图可以快速表现设计者的基本设计理念和初步的空间构想，并且通过手绘草图推敲设计方案，激发设计灵感，便于将设计意图表达给业主，同时进行讨论与判断后续的设计方向（见图6-10~图6-13）。

②在方案的论证阶段。在方案论证过程中，手绘效果图可以将设计内容表达于纸上，有助于设计者不断地推敲和论证方案。这是一个合格的设计师应具备的基本技能之一。而模型效果图可以在这个阶段通过更为准确的设计参数和较为写实的光线材料表达设计意图，从中反映出设计的优缺点，并不断地进行修正。

图6-10 客厅设计手绘效果图3

图6-11 厨房设计手绘效果图

图6-12 餐厅设计手绘效果图1

图6-13　客厅设计手绘效果图4

图6-14　医院室内设计电脑模型效果图

图6-15　小型公寓室内设计电脑模型效果图

③在确定方案的决策阶段。在方案汇报的过程中，效果图往往会起到决定方案成功与否的作用，因为效果图具有很强的感染力和艺术表现力，一张优秀的效果图可以为设计理念以及设计成果增色不少，也是打动业主的重要表现形式，为业主做出判断提供依据。

④工程图阶段。电脑模型效果图可以作为工程制图的重要依据，其具有准确比例和参数设置，可以直观明确地反映设计内容，为工程图绘制人员绘制施工图提供重要依据。

⑤在工程验收阶段。效果图可以为最终的工程验收提供参考，通过效果图来判断施工结果。设计师所制作的效果图应与最终成果保持一致，当然在可以接受的范围内存在一定误差也是较为常见的情况，这要根据业主以及设计者的判断是否需要进行工程变更。当然，工程竣工后的成果展现与效果图的契合度，也是检验设计师水平以及设计成功与否的重要依据（见图6-14~图6-17）。

图6-16　工作室室内设计电脑模型效果图

图6-17　商业空间室内设计电脑模型效果图1

图6-18　公共空间室内设计电脑模型效果图

6.1.3 室内设计表现的基本特点

室内设计表现的特点是由环境艺术设计的特点所决定的。环境艺术设计本身具有感性与理性的双重特点，要求在科学性设计的基础上体现艺术性。所以，室内设计表现也具备了科学理性与技术感性的双重特点。

（1）客观性与真实性

客观性与真实性是室内设计效果表现的关键所在，也是衡量一个设计优劣与否的重要依据。无论是什么类型的表现形式，效果图的绘制必须要符合自然规律、光线照明、透视学、色彩学以及现场客观情况等规律和要求，如果为了表现而表现，脱离了客观事实，夸大和歪曲设计效果，那么效果图就失去了其原本的意义。不论是任何空间都有其特定的环境特点，都不能随意进行更改，要尊重客观事实。真实性还要求效果图的制作必须根据现场的真实数据、尺度、比例关系进行空间与色彩的绘制，使效果图可以准确反映设计施工完成后的真实效果（见图6-18、图6-19）。

图6-19　公共空间室内设计手绘效果图
较为精准细致的手绘效果图也可以反映设计的客观性。

（2）科学性与艺术性

一张优秀的效果图在注重科学性的同时应还具有艺术表现力。注重科学性缺乏艺术性或者注重艺术性缺乏科学性的效果图都是不可取的。科学性可以理解为在对所表现的空间环境的准确还原，以透视、色彩学以及电脑软件等科学技术为基础，准确还原空间设计效果。同时，艺术性也必须建立在尊重客观事实以及科学规律的前提下，通过美学原理、艺术表现规律等方式来营造空间的艺术美感。对于艺术性的表达直接影响效果图的优劣，而这又取决于设计者对于空间环境表现手法的日积月累，以及本身所具有的艺术素养。只有做到科学性与艺术性完美融合的表现图，才可以为设计所用（见图6-20、图6-21）。

图6-20　客厅设计手绘效果图5

手绘效果图经过设计师的主观处理和手绘技法，往往具有较强的艺术表现力。

图6-21　图书馆室内设计电脑模型效果图

经过后期处理的电脑模型效果图也可以营造出艺术化的空间氛围。

（3）多样性与多边性

效果图的主要作用是表现设计者的设计预想效果，往往会使用到多种表现技法。比如在手绘效果图中，不单单是一种技法和材料的使用，有可能融合水彩、马克笔、彩铅等多种表现手法。电脑模型效果图也是一样，目前市面上的效果图软件种类繁多，很多效果大多是需要多种软件共同协作完成，如SketchUp本身可以作为空间建模和表现软件，但是为了追求表现效果的真实性，SketchUp和Vray协同工作，可以制作出更为写实且具有表现力的效果图。这种多样的设计表现特点都是设计的实际需求所决定的。

效果图的制作通常采用多种工具，运用各类软件及不同表现技法来体现设计意图，而且制作过程不是一成不变的，所以在学习效果图的过程中不能单纯掌握一种工具和表现技法，应该灵活运用多种形式和技法，表现自己的设计意图和设计成果。

图6-22　客厅设计手绘效果图6

6.2　室内色彩设计表现应用与技法

6.2.1 色彩在室内设计表现中的应用

在前面章节中我们了解了色彩的基本属性特征以及在室内空间中的应用方法和原则，结合室内效果图的表现技法和要求，下面介绍如何将室内色彩更为深入、系统地反映在效果图中。

色彩设计是室内设计中重要的组成部分，而在大多数室内设计表现过程中色彩往往需要意象化处理，也就是强化室内色彩倾向、色彩的感觉。在室内设计效果图中，首先要从设计的角度出发，整体考虑色彩关系，以简洁明了的表现方法概括色彩关系，尤其是对于手绘室内色彩效果图，不应过于强调表现真实的设计色彩。在室内色彩设计表现的具体操作时要注意以下几点。

（1）色调的整体关系

在表现室内色彩设计时，必须确定其主体色，而其他色彩都要与主体色相协调，主体色的面积比例较大，次要色调的面积比例较小。如果是采用有色纸进行手绘效果图，可以将有色纸定为主体色或背景色，补充高光，增加明暗对比，就可以快捷地绘制出想要表达的效果（见图6-22）。

（2）色彩的对比关系

在注重色调的统一性和整体性的同时，也要考虑色彩的对比关系。室内色彩中对比色的使用较为常见，但要谨慎使用，一般在需要强调和重点表现的部位作为点缀色，并且要与主体色既有对比关系，又能融入整体空间色彩中（见图6-23）。

图6-23　住宅室内设计手绘效果图
该效果图的整体色调为暖色调，色彩和谐统一。

（3）色彩表现

就色彩表现而言，手绘效果图与电脑模型效果图有较大差别。对于室内手绘效果图而言，要求快速表现设计意图，在用色上要概括简练，注意主体色概括、重点色点缀的关系。用色用笔以空间特征、光影体块为主要表现对象，不需要把画面全部涂满，尽量减少平涂，也不要过多地表现层次的丰富变化。高光色处理既要肯定又不能死板，明暗部色彩处理要对比明快但不刺眼、不跳色。总而言之，用色要肯定准确、宁少勿多、宁空勿满（见图6-24）。

电脑模型制作室内效果图时的要求有所不同，由于电脑软件的特性，可以模拟真实的光照情况、材质纹理以及色彩变化，而色彩离不开光线，所以很大一部分电脑模型效果图可以根据设计内容和客观事实更为真实地表现空间的色彩及灯光变化。因此，在制作过程中，不仅要注重大关系的处理，对空间色彩的准度以及细节的把握也要格外注意。同时，色彩丰富的变化也与材质有关，同一种色彩作用于不同材质时所呈现的效果也不同。电脑模型效果图可以根据需要的材质种类来调节模型参数，可以模拟现实材质的色彩变化，这也是电脑模型效果图的优点之一。为此，在绘制过程中也要区分不同材质的模型组件，准确地反映室内色彩的变化情况（见图6-25、图6-26）。

图6-24　餐厅设计手绘效果图2
手绘效果图的上色技法较为活跃，变化多样，绘制的侧重点明确。

图6-25　起居室室内设计电脑模型效果图1
电脑模型效果图可以真实表现物体的色彩与材质。

图6-26　商业空间室内设计电脑模型效果图2
现实的环境也可以通过电脑效果图表现。

6.2.2 室内色彩设计表现技法

室内设计的表现技法有很多种，且每种表现技法都具有独特的感染力，在实际设计过程中可以根据需求选择一种或多种表现技法组合使用。下面介绍几种较为常用的室内色彩设计的表现技法。

（1）马克笔表现技法

用马克笔绘制室内空间效果图时，通常先用针管笔勾勒出空间主要场景的界面以及陈设等轮廓特征，再用马克笔上色。

油性马克笔的色层和边线叠加不会出现重色现象，且色彩明快，对比强烈，具有很强的表现力。要均匀地涂出色块就必须下笔肯定迅速，运笔均匀；要表现清晰的边界线可用直尺或胶带辅助绘制；要画出彩色的渐变效果，可以使用无色马克笔做渐变处理。此外，通过刀刮、橡皮擦等方式可以使马克笔色彩呈现特殊的效果和肌理。当然也可以与其他表现技法共同使用，比如大面积的背景色如天花板、地面或墙面的颜色可以使用水彩上色，然后使用马克笔绘制重点色，如对家具等进行细节刻画，扬长避短，相得益彰。

马克笔的排线与铅笔画类似，可以徒手绘制，也可以使用工具辅助绘制，根据不同空间的特征、物体的形态和材质纹理的变化来选择。马克笔的色彩较为透明，通过笔触的叠加可以产生丰富细腻的色彩变化，但也是因为这一特性，用马克笔绘制时需考虑上色顺序，避免多次的修改和叠色而弄脏画面。一般马克笔的上色步骤应先浅后深，深色容易叠加浅色，而浅色不易覆盖深色。上色时不应将画面铺色过满，应有主次地进行局部刻画，画面会显得更加生动、明快。

用马克笔进行室内色彩表现时，除按照一般的上色顺序进行绘制之外，还必须特别注意颜色的选择，一般会选用同一色相、相近纯度、不同明度的两三支马克笔绘制同一个部位，这样既可以绘制出丰富的明暗对比，也可以统一整体的色彩关系（见图6-27~图6-30）。

图6-27 商业空间室内设计马克笔手绘效果图

图6-28 卧室设计马克笔手绘效果图

图6-29　客厅室内设计马克笔手绘效果图

图6-30　起居室室内设计马克笔手绘效果图

（2）水彩表现技法

在室内效果图表现中，水彩是较为常见且绘制方法多样的表现技法。比较常见的有先薄后厚的方法，即先用薄颜色来表现色彩大关系，再用厚颜色刻画细节，调整明暗关系。水彩颜料也具有鲜明的特征，既有优势也有弊端，其特点是：水彩具有一定的透明度，有透色效果；水彩颜料由于溶于水，材质细腻且光泽度较好；水彩颜料可以用水进行调整，在纸半干或全干时上色，会产生独特的晕染效果，色彩过渡自然；水彩的干湿效果变化很大，很难控制，对上色的时机也要求严格，这需要经过长时间的训练和摸索慢慢掌握，不适宜初学者使用。

以下是水彩在室内色彩设计中常用的几种表现技法。

①基础技法。晕染是水彩的基本表现形式，包括以下几种技法。

a.平涂法。平涂法是使用一种水彩颜料大面积均匀涂色的方法。一般用于表现色彩均匀、变化较小的平面，如大面积的地面或者墙面等。绘图时要注意水分和颜料的比例控制，运笔要均匀有力。

b.叠加法。叠加法是在平涂色彩的基础上根据明暗光影的变化特点，叠加不同颜色的技法。叠加法也是水彩表现中最为常见、最能凸显色彩特性的技法。例如球体等曲面过渡自然细腻，需要将明暗光影分成条状，用统一浓度的颜色平涂，然后分层逐步进行叠加上色，最终达到自然立体的效果。

c.退晕法。水彩上色最为关键的是对水分的控制，退晕法通过颜料与水的调配，可以使色彩产生渐变和晕染效果。这种技法一般适用于表现受光不均匀、有明暗过渡关系的平面或曲面，以及大面积的墙面或地面的光影变化。

②方法与技巧。由于水彩颜料覆盖力差，所以水彩效果图上色的原则与马克笔类似，一般也是先浅后深，由明到暗，高光等位置要预先留出或用覆盖液体事先遮盖。大面积部位的上色最好一次性完成，不宜多次上色，以免每次调色出现的误差对画面造成影响。

在实际绘制中，可以使用大号画笔大面积平涂一层颜色，注意留出高光与亮部。等颜料全干以后再刻画面积较大的部分，如吊顶、墙面以及地板等部分，这样可把控整体色调。在基本确定空间色调的基础上，有些面和物体需要多次反复不断地叠加上色才能达到预想的效果，同时也要注意留白，以免画面过于沉闷、不透气。最后通过较厚重的色彩刻画细部和重点需要表现的色彩（见图6-31~图6-33）。

图6-32 工作室室内设计水彩手绘效果图

图6-31 公共空间设计水彩手绘效果图

图6-33 别墅室内设计水彩手绘效果图

（3）电脑模型效果图表现技法

电脑模型效果图的表现主要是通过各类设计软件的建模渲染制作而成的。随着科技的发展，建模渲染的软件也不断更新，种类丰富。目前室内设计表现常用的建模设计软件包括SketchUp、3d Max、Vray以及Lumion等。不同软件虽然在操作界面、工作原理上有所不同，但所要达到的目的都是一致的。以下主要介绍常用的SketchUp以及Vray在室内色彩表现中的技法要点。

SketchUp在室内、建筑、景观等设计领域都得到了广泛的运用，其简洁明了的工作界面、逻辑清晰的建模方式以及形象艺术化的快速表现能力深受设计师的喜爱。SketchUp本身具有材质编辑功能和色彩编辑功能，其呈现的方式也丰富多样，通过风格样式功能可以选择和制作各种类型的表现形式。就色彩设计表现而言，SketchUp的优缺点也非常明显。SketchUp建模速度快、上色便捷、材质库丰富，且具有很强的艺术感染力，可以在很短的时间内表现一个空间的环境色调和空间氛围。但是由于软件本身的机制不同，SketchUp对于材质的质感纹理、反射等反映较弱，色彩层次变化不够丰富，与客观现实存在一定差距。因此，SketchUp更适合于设计前期的方案推敲和灵感构思的表现形式，其灵活快速的特性，以及艺术化的表现形式可以激发设计者的设计灵感，方便方案的修改与调整。

Vray是一款纯粹的渲染软件，它需要配合SketchUp、3d Max、RHION等建模软件使用。Vray渲染器的特点也可以分为两个方面。优点是拟真程度高，表现效果好，可以制作出照片级别的效果图，真实反映设计中的光影材质色彩等变化。缺点是操作相对复杂，入门难度较高，渲染时间慢，对电脑硬件有一定要求。从Vray的基本特点可以看出，它更适合作为方案的后期用于表现设计成果的用途。Vray对于室内色彩的表现要注意以下几点。由于Vray对光线、材质的模拟程度较高，为了真实呈现色彩在室内空间中的变化，需要着重对物体材质以及灯光照明的参数进行调节。比如说Vray的灯光系统，如果选择白色光照则物体材质的色彩显色较准，而有色光照则会影响物体材质的固有色。Vray渲染器有一点要着重注意的细节，就是在渲染时大面积色彩会对室内其他材质色彩产生混合影响，影响其本身的色彩表现和色彩属性，这也叫溢色现象（见图6-34~图6-38）。

图6-34　电脑模型效果图

图6-35　写字楼公共空间室内设计电脑制作效果图

图6-36 起居室室内设计电脑制作效果图

图6-37 公共空间室内设计电脑制作效果图

图6-38 展览馆室内设计电脑制作效果图

思考与延伸

1.简述室内设计表现在设计方案不同阶段所起的作用。

2.简述室内色彩设计表现技法的种类及其特征。

第 7 章　室内色彩设计优秀案例赏析

【案例1】Le Roch 酒店

位置：法国，巴黎

类型：酒店室内设计

材料：木材、玻璃、织物、金属

由设计师Sarah Lavoine设计的Le Roch 酒店位于法国巴黎。在欣赏巴黎美景的同时，客人们在酒店里可以充分享受宁静放松的空间氛围。

设计师将酒店打造成一个独具匠心的私人公寓，从材料、颜色到图案的选择无不体现着优雅与宁静之美。柔和的阳光通过玻璃墙照射到室内，黑色与柔和的色彩相互调和，群青色与灯光点缀的红砖相得益彰（图7-1）。

图7-1　Le Roch酒店室内设计

【案例2】Vanessa Seward洛杉矶实体店

位置：美国，洛杉矶

类型：商店室内设计

材料：木材 、织物、黄铜

法国时装品牌Vanessa Seward进驻美国的第一家实体店坐落于洛杉矶东部最著名的时尚街区Melrose Place。空间中央，一个长达30ft（9.144m）的巨大天窗照亮了内部环境。空间四周由石材抽屉包围，其上方覆盖有深蓝色衬垫。大面积的黄铜板搭配照明设施作为陈列背景。天窗下一块与其形状相似的展示台使用与地面相同色深色石材，仿佛与周围环境融为一体。种植在展示台中的绿植也为整个空间增添了一丝生机，令人印象深刻（图7–2）。

图7–2 Vanessa Seward洛杉矶实体店室内设计

【案例3】隐隅酒店

位置：中国，杭州

类型：酒店室内设计

材料：喷砂/烤漆玻璃 、木材、涂料、玻璃、质感涂料

面积：1100㎡

酒店前身是一个13㎡大堂和44个客房组成的普通快捷酒店，设计师经过巧妙的设计和空间规划，去除了酒店原有的暗房，将原先一层较为封闭的客房，通过功能以及空间结构的重新设计，使之成为大堂的一部分。在色彩设计上，设计师也别出心裁，采用橙色和柠檬黄的搭配，巧妙运用了色彩的饱和度，以柔美的象牙白与跳跃的色彩交错点缀，在米白色的基底下，色彩如同跳跃的音符，灵动且美好（图7-3）。

图7-3　隐隅酒店室内设计

【案例4】Radisson酒店

位置：瑞士，苏黎世

类型：酒店室内设计

材料：木材 、水泥、玻璃、瓷砖、石材

酒店大堂是以色彩稍加点缀的北欧风情。大堂中央的休息区摆放着舒适的座椅、高背沙发以及咖啡桌，可供人们在此休憩洽谈。深色木饰面和灰色水泥地板的组合凸显了北欧极简的设计风格，同时与前面的壁画以及鲜艳的家具形成呼应与对比。

酒店餐厅是原汁原味的意式餐厅。设计师根据传统意大利的文化习俗，将一张共享餐桌置于餐厅中央区域，从而为餐厅注入了温暖喧闹的意大利街市氛围。展示厨房和吧台分别位于餐厅的两侧，消除了服务者和被服务者之间的距离。餐厅的色彩也主要选择暖色系作为主色调，凸显空间的温馨与热烈（图7–4）。

图7–4 Radisson酒店大堂及餐厅室内设计

【案例5】极橙牙科诊所

位置：中国，天津

类型：医疗场所室内设计

材料：玻璃、木材、瓷砖

极橙牙科诊所的标识以及图案造型为橘子，所以设计师将圆形图案融入整个设计当中。木饰面与明度较高的色彩搭配在视觉上传递温暖的质感。整个空间布局由入口区、儿童区、等候区及就诊区四个区域组成，每一个空间中的作用除了基本的功能之外都有相应的设计理念，而这四个区域组成了该诊所品牌空间的特征，让冰冷的医疗空间转化成与人有关的散发温暖与关怀的精神场所（图7–5）。

图7–5　极橙牙科诊所室内设计

【案例6】某住宅室内设计

位置：中国，台北

类型：住宅室内设计

材料：木材、大理石

该住宅位于一处城市高层公寓，拥有两个大露台的宽敞空间。住在室内本身条件良好，阳光充足，通风良好。房屋主人特别喜爱木质材质，因此设计师选择了北美胡桃木纹理的家具。住宅主色调由白色大理石以及胡桃木色构成。设计师希望打造出一个温暖、有房屋主人个性的现代舒适住宅（图7-6）。

图7-6 某住宅室内设计

【案例7】西悉尼大学校区

位置：澳大利亚，悉尼

类型：教育场所室内设计

材料：纺织材料、木材、玻璃、涂料

西悉尼大学位于悉尼市中央商业区，作为商业往来与社区生活的主要地区，它也集合了教育功能，为学生提供了舒适的生活环境。设计师旨在加强各空间的协作关系，促进人与人之间的交流，增加教育与学生活动的更多交流。空间设计主旨遵循“学生、学校、社区一体化”的核心理念，结合了传统商业办公楼与教学楼的双重空间，采用不同的色彩转换来凸显不同功能空间（图7-7）。

图7-7　西悉尼大学校区室内设计

【案例8】Miss Sth甜品店

位置：中国，上海

类型：商业室内设计

材料：玻璃、大理石、LED灯管

面积：45㎡

设计师在考虑具体的空间造型、材质、色彩、灯光形式时，了解到该建筑历史上曾作为美国海军的游泳俱乐部，经过重新装修和改造，作为商业空间被重新使用。设计师考虑到空间面积有限，但却希望具有足够的视觉冲击力，于是使用拉丝不锈钢穿孔板，搭配彩色霓虹灯设计，使不锈钢可以与彩色灯光产生呼应，从内到外都营造出多彩的美式风格（图7-8）。

图7-8 Miss Sth甜品店室内设计

【案例9】Pastel Rita咖啡精品店

位置：加拿大，蒙特利尔

类型：商业室内设计

材料：实木、玻璃

店铺位于蒙特利尔Mile-End创意社区的Laurent街上，墙面上的窗户为室内提供了充足的光照，同时也可以使室外的人们看到室内的环境。咖啡厅区域被打造为一个温馨的空间，空间中央设置了一个大型吧台，在这里咖啡师和顾客可以直接交流互动。定制吧台以及座椅均采用光泽的绿色的材质，为房间增添了节日气氛。在吧台后面，木制的隔板作为分隔墙，隔板上的大型拱形开口构成了墙上的精品展示区，手提包、帽子和皮革配件可放在其上进行展示。弧形的金色天花板分隔了空间结构，同时营造出一种奢华效果（图7-9）。

图7-9　Pastel Rita咖啡精品店室内设计

参考文献

[1] 戴昆. 室内色彩设计学习. 北京：中国建筑工业出版社，2014.

[2] 郭泳言. 室内色彩设计秘诀. 北京：中国建筑工业出版社，2008.

[3] 阎超. 室内色彩设计. 北京：中国建筑工业出版社，2010.

[4] [美]约翰・派尔. 世界室内设计史. 刘先觉，陈宇琳等译. 北京：中国建筑工业出版社，2007.

[5] 金容淑. 设计中的色彩心理学. 北京：人民邮电出版社，2013.

[6] [美]玛丽・C. 米勒. 室内设计色彩概论. 杨敏燕，党红侠译. 上海：上海人民美术出版社，2009.

[7] [新加坡]丹尼尔. 室内色彩设计法则. 北京：电子工业出版社，2011.

[8] [美]鲁道夫・阿恩海姆. 艺术与视知觉. 滕守尧，朱疆源译. 成都：四川人民出版社，1998.

[9] 林仲贤. 颜色视觉心理学. 北京：中国人民大学出版社，2011.

[10] [日]小林重顺. 色彩形象坐标. 南开大学色彩与公共艺术研究中心译. 北京：人民美术出版社，2006.

[11] 孔键，袁铭，黄鞲，新汶. 色彩文化与色彩设计. 上海：同济大学出版社，2010.

[12] 来增祥，陆震纬. 室内设计原理（上，下）. 北京：中国建筑工业出版社，2006.